U0727582

若有诗词藏于心

岁月从不败美人

诗韵国学

女性影响力

品　墨　编著

绵延文化血脉

弘扬传统国学

汲取诗词精髓

展示女性风采

新华出版社

图书在版编目（CIP）数据

诗韵国学 : 女性影响力 / 品墨编著. —— 北京 : 新华出版社, 2019.8
ISBN 978-7-5166-4822-3

Ⅰ. ①诗… Ⅱ. ①品… Ⅲ. ①女性–成功心理–通俗读物 Ⅳ. ①B848.4-49

中国版本图书馆CIP数据核字(2019)第185109号

诗韵国学：女性影响力

作　　者：品墨

责任编辑：唐波勇　　**图书策划：**李平书
装帧设计：赵志军

出版发行：新华出版社
地　　址：北京石景山区京原路8号　　**邮　　编：**100040
网　　址：http://www.xinhuapub.com
经　　销：新华书店
购书热线：010-63077122　　**中国新闻书店购书热线：**010-63072012

照　　排：新华出版社照排中心
印　　刷：河北鸿祥信彩印刷有限公司

成品尺寸：170mm×240mm
印　　张：15　　**字　　数：**198千字
版　　次：2019年12月第一版　　**印　　次：**2019年12月第一次印刷
书　　号：ISBN 978-7-5166-4822-3
定　　价：48.00元

版权专有，侵权必究。如有质量问题，请与出版社联系调换：010-63077101

兰花

明·刘伯温

幽兰花，在空山
美人爱之不可见
裂素写之明窗间
幽兰花，何菲菲
世方被佩资簏施
我欲纫之充佩韦
袅袅独立众所非
幽兰花，为谁好
露冷风清香自老

家语

春秋·孔子

不以无人而不芳
不因清寒而萎琐
气若兰兮长不改
心若兰兮终不移

目录

第一章

我爱幽兰异众芳

不将颜色媚春阳

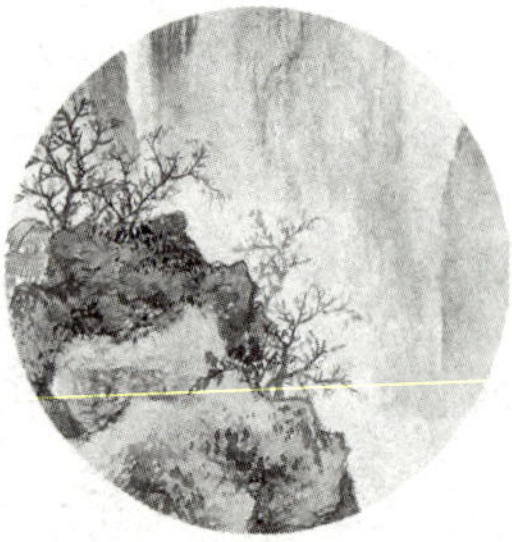

第二章 质傲清霜色 香含秋露华

第三章

休言女子非英物 夜夜龙泉壁上鸣

第四章 不要人夸好颜色 只留清气满乾坤

第一章

我爱幽兰异众芳 不将颜色媚春阳

我爱幽兰异众芳，不将颜色媚春阳。
西风寒露深林下，任是无人也自香。
——明·薛纲《题徐明德墨兰》

女人如兰，清高而优雅，兰心而慧质
纸醉金迷的时代不会让她们的灵性蒙尘
物欲横流的社会里她们依然独自芬芳

女人如兰，聚思成文，凝情为章
她的文字里缀满了生命的阳光和愉悦
还有对生活细节之美的聪颖顿悟

如兰的女人，向往世间最纯真的感情
寸心原不大，容得许多香
兰味沁心脾，临窗自流芳

兰花之韵，清新淡雅，幽雅高贯
女性之美，纤柔淡约，优雅大方

蔡文姬

气调桓伊笛
才华蔡琰琴

楚岸青枫树，长随送远心。
九江春水阔，三峡暮云深。
气调桓伊笛，才华蔡琰琴。
迢迢嫁湘汉，谁不重黄金。
——唐·陈陶《湓城赠别》

她出身名门，才情四溢，善于诗赋，精通音乐；她的《胡笳十八拍》琴歌，名列中国十大古曲；她的《悲愤诗》，对古代叙事诗产生了巨大而深远的影响；她的书法作品被宋代《淳化阁帖》收录。她，就是中国古代四大才女之一的蔡文姬。

悠悠华夏五千年是一部气壮山河的历史，而东汉末年的史实尤为惊心动魄。

东汉末年，群雄四起，董卓挟天子以令天下，后天下形成魏、蜀、吴“三国鼎力”之势。刀光剑影，逝水东流。即使重新追读那段历史，脑海中仍然如同行过千军万马。

三国的历史始终太过刚毅，充满血腥和杀戮。它需要有人出现给那个时代增添一些柔美甚至是艳丽的色彩。于是，旷世才女蔡文姬成为划破历史天空的第一位奇女子，她就是那片天空最闪亮的星。

书香门第出才女

蔡文姬，名琰，她的父亲是东汉大名鼎鼎的文学家、书法家、音乐家蔡邕。出生在这样的家庭，对任何人而言，都是一种幸运。

蔡邕通经史，善辞赋，且精于书法，擅长音乐。在父亲的熏陶下，蔡文姬自小耳濡目染，受到了良好的文化教养，既博学能文，又善诗赋。

三国时丁廙在《蔡伯喈女赋》中描述道：“伊大宗之令女，禀神惠之自然；在华年之二八，披邓林之曜鲜。明六列之尚致，服女史之语言；参过庭之明训，才朗悟而通云”；《后汉书 · 烈女传 · 蔡琰传》中称蔡文姬“博学而有才辩，又妙于音律”“端操有踪，幽闲有容。区明风烈，昭我管彤”。

《后汉书》有一则史料也记载了蔡文姬的文化素养。当蔡文姬历经十多年离乱归汉后，有一次，曹操问蔡文姬："闻夫人家先多坟籍，犹能忆识之不？"文姬曰："昔亡父赐书四千许卷，流离涂炭，罔有存者，今所诵忆，裁四百余篇耳。"后来蔡文姬凭记忆默写出四百篇古文，没有错误和遗漏，赢得了曹操的敬重与赞叹，可见其过人的记忆力与深厚的文学涵养。

除了较高的文学素养之外，蔡文姬还精通音乐，并有较深的造诣。《后汉书》李贤注引刘昭《幼童传》中说，"邕夜鼓琴，弦绝。琰曰：第二弦。邕曰：偶得之耳。故断一弦问之，琰曰：第四弦。并不差谬。"蔡邕弹琴时不巧弄断琴弦，在隔壁的蔡文姬马上就能听出是第二根弦崩断。蔡邕不以为然，又故意弄断另一根琴弦，蔡文姬又准确地指出是第四根。能达到听音知断弦的地步，其音乐水平可想而知。

正因为蔡文姬继承了父亲几乎所有的才华，因此韩愈称赞说"中郎有女能传业"，可见，蔡文姬真可谓出身名门，知书达理，大家闺秀，窈窕淑女。

胡笳难诉，续写汉书

蔡文姬 16 岁嫁给如意郎君卫仲道，夫妻锦瑟和鸣，恩爱异常。但好景不长，结婚不到一年蔡文姬就成了寡妇。封建社会迷信命理，蔡文姬的婆婆认定是蔡文姬克死了自己的儿子，时常出口讥讽蔡文姬。心高气傲的蔡文姬哪里受得了这样的冷言冷语，一气之下不顾父亲反对回了娘家。

在封建社会能像蔡文姬一样敢于挑战男权社会的女子并不多。她能冲破腐朽的礼法，遵从自己的内心，极具现代女性的风范。

朝代更替之际最为动荡，政治格局瞬息万变。随着父亲失势，蔡文姬开始了她漂泊而又凄苦的半生。

东汉末年兵荒马乱，蔡文姬和难民一起被匈奴人抓去做了俘虏。匈奴人野蛮，自然也不会优待俘虏，一路上他们鞭打辱骂这些落难的汉民。可怜的蔡文姬终有满腹诗书、气质如兰，仍然免不了鞭打受辱的命运。最后这些匈奴人杀光了男人，把一些颇有姿色的女人带回匈奴。

上天似乎又不忍心一位才女就这样饱受流离之苦，终于给了蔡文姬一个栖身之所。23 岁的蔡文姬因为青春貌美所以被献给了左贤王。这位左贤王史书中描绘的笔墨不多。但匈奴人民风彪悍，这位左贤王绝不可能是谦谦君子、玉面书生。才女焉能配莽夫？蔡文姬心中的凄苦，不言而喻。

春去秋来，寒来暑往。十二载悠长岁月，却没有耗尽文姬的才气。她在匈奴的 12 年里学会了胡笳，创作了很多胡曲。终于在阳光明媚的某一天，蔡文姬迎来了汉朝的使者。

不得不说，曹操虽为乱世之奸雄，却念及师徒恩情，想起了昔日恩师蔡邕之女沦落匈奴，所以才成就了“文姬归汉”的千古佳话。

胡马依北风，越鸟巢南枝。故土难离，蔡文姬一心归汉。

但她早已经不是当年那个无牵无挂、行事洒脱的女子，她已经为左贤王生了两个儿子。一旦重归汉土也就意味着她与儿子永远骨肉分离。那种锥心之痛，恐怕只有为人父母才能体会了。

在这种艰难的抉择下，蔡文姬最终还是选择了归国。从匈奴到中原一路走来，在车轮的转动中蔡文姬百感交集，对故乡和儿子的思念把她的心撕成两半。最终，她把自己的悲伤和痛苦融入到音乐中，创造了千古名乐《胡笳十八拍》。

即使蔡文姬回归了汉土，她对匈奴的影响也很深远，她的《胡笳十八拍》一直在匈奴盛行，成为了争相模仿的曲调。

蔡文姬归汉之后，在曹操的安排下蔡文姬嫁给了董祀。但蔡文姬年近中年，容颜已逝，又是再嫁之身，所以婚后他们的夫妻感情一般。直到蔡文姬动用父亲的关系从曹操那里救了董祀一命，他们夫妻感情才逐渐转浓。

而后，蔡文姬把余生的精力用在续写《后汉书》上，这即是对父亲蔡邕遗愿的继承，也是她才情的续写。

卫夫人

学书初学卫夫人
但恨无过王右军

将军魏武之子孙，于今为庶为清门。
英雄割据虽已矣，文采风流今尚存。
学书初学卫夫人，但恨无过王右军。
丹青不知老将至，富贵于我如浮云。
——唐·杜甫《丹青引赠曹霸将军》

杜甫说："学书初学卫夫人，但恨无过王右军。"盛唐时期，卫夫人的书法便已名动天下，成为初学者的入门阶梯。卫夫人与她的高徒王羲之一样，永远闪耀在历史的长河中，是中国历史上值得铭记的奇女子。

在中国古代，赞美文人雅士或名门闺秀具有良好的文化修养时，常常说他们是琴棋书画样样精通。其中的“书”指的便是书法。提到书法家，脱口而出的往往是一些男性书法家，比如王羲之、颜真卿、柳公权等，女书法家则是寥寥无几。不过，今天我们要说的这位山西人，却是中国历史上公认的第一位女书法家，她就是卫夫人。

书法世家出奇女

卫夫人的从祖卫觊、从伯卫瓘、从兄卫恒，都是著名书法家、书法理论家。卫夫人自小受家族影响，成为一个书法高手。

卫夫人所嫁的江夏李氏，也是一个书法世家。卫夫人之子李充，李充的从兄李式、李廞等都有书名。尤其是李式，其书法成就在东晋初期已可同当时的书法权威王廙(羲之叔父)和庾翼媲美的程度。发展至唐代，江夏李氏竟出现了李邕那样的书法大家。江夏李氏，东晋以前未见有以书法名世者。东晋以后李氏书法的兴旺，当与卫夫人嫁李家有关。

卫夫人不但在书法艺术实践上有突出成就，不让须眉，而且在书法艺术理论方面也有重大建树和比较全面深入的论述。她撰有《笔阵图》一卷，全面深入地参考了有关的书法理论，并提出自己的看法。她在书中首先提出，书法之妙“莫先乎用笔”。主张学习书法要上溯其源，师法古人，反对谙于道理，学不该赡，以致徒费精神，学无成功。卫夫人又提出，在学习和创作时，要注意选用笔、墨、纸、砚的品种和产地，强调工欲善其事，必先利其器。又着重指出，执笔要有讲究，不同书体应采用不同的执笔法，并加以具体分析，说："有心急而执笔缓者，有心缓而执笔急者。若执笔近而不能紧者，心乎不齐，意后笔先者，败；若执笔远而急，意前笔后者，胜。"超出了单纯论述执笔的范围，而对书法艺术中的笔、意关系和书家修养等作出深刻的论述。

对书写不同字体时的用笔，卫夫人亦有精辟论述，她认为用笔有六种方法，结构圆备如篆法，飘扬洒落如章草，凶险可畏如八分，窈窕出入如飞白，耿介特立如鹤头，郁拔纵横如古隶。倘能"每为一字，各象其形"，则"斯超妙矣，书道毕矣。"应该说，卫夫人关于用笔的论述，在今天也仍然有其可取之处，她实质上是就此提出了书法家把握不同字体书写风格的问题。具体到笔划上，卫夫人针对七种不同笔划的书写，提出七条标准，卫夫人对七种基本笔划的描述，形象生动，恰合关窍，实为初学书法者良好的入门途径。

此外，卫夫人在《笔阵图》中还提出初学书法，"先须大书，不得从小"，"善鉴者不写，善写者不鉴"等理论原则，也都是宝贵的经验之谈。在上述论述的基础上，卫夫人概括她对书法艺术总体的认识，提出了"力筋"之说。她认为："下笔点墨画芟波屈曲，皆须尽一身之力而送之。""善笔力者多骨，不善笔力者多肉。多骨微肉者，谓之筋书；多肉微骨者谓之

帝子降兮北渚，目眇眇兮愁予
袅袅兮秋风，洞庭波兮木叶下

墨猪。多力丰筋者圣，无力无筋者病。”

这实质上是卫夫人毕生从事书法艺术实践所得，代表了她对书法艺术理论总的认识，为后代书法家指出了努力方向和途径，也成为中国书法理论中的重要内容和评判标准，对历代书法理论和实践的发展都产生了巨大影响。尽管卫夫人的《笔阵图》参考和汲取了前人的某些论点，但卫夫人在继承的基础上加以发展创造，功不可没。

千载谁堪伯仲间

卫夫人与王羲之母亲为中表亲戚，成为“书圣”王羲之的书法老师。卫夫人在书法界的盛名并不仅仅是因为教出了一个“书圣”徒弟，她本人的勤学好思、痴迷于书法的精神也是十分受人敬重的。我们都十分熟悉王羲之墨池的故事，而在民间传说中，卫夫人也有“吃墨”和“洗墨池”的故事。

据说卫夫人在吃饭时，很喜欢看前人留下的书法作品。有一次吃饭时，她看前人的作品太入迷了，边吃边看，以至于把墨蘸着吃完了都不知道。在外甥王羲之到来时，卫夫人才发现，两人忍不住大笑。

卫夫人洗墨池的故事与王羲之差不多，是说她小时候，每天都苦练书法，练完后就在门前的泊池中洗墨，天长日久，泊池竟然变成了墨池。

靠着这种勤奋劲儿，卫夫人又师法钟繇，将卫家、钟氏等多家书派融为一体，形成了自己的独特风格，尤其是她的楷书名重当时，用笔凝重简练，字体端庄，“正体尤绝，世将楷则”，是后世楷书的典范之作。

可惜的是，卫夫人流传下来的真迹不太多，主要有《名姬帖》《卫氏和南帖》《与释某书》。

作为为数不多的有幸青史留名的古代女性书家，卫夫人对书法理论和书法艺术所做的贡献都是引人瞩目的，她在中国书法史上的地位是不可替代的。

登白薠兮骋望，与佳期兮夕张
鸟何萃兮蘋中，罾何为兮木上

上官婉儿

自言才艺是天真 不服丈夫胜妇人

汉家婕妤唐昭容，工诗能赋千载同。
自言才艺是天真，不服丈夫胜妇人。
——唐 吕温《上官昭容书楼歌》

上官婉儿以一介女流，影响一代文风，这在中国古代文学史上是很少见的。她不仅以其诗歌创作实绩，而且通过选用人才、品评诗文等文学活动倡导并转移了一代文风，成为中宗文坛的标志者和引领者。对于当时文坛的繁荣和诗歌艺术水平的提升具有重要作用。

起先，她是一名出生在掖庭的女奴。不仅身份卑微，吃糠咽菜，每天还要干着数不尽的脏活累活，谁都可以欺负她。

可是有时命运就是这般神奇。14 年后，这名女奴竟然成了武则天的贴身秘书；27 岁时她参决政事，负责起草朝廷所有文件的工作，类似今天的中央秘书长一职；43 岁那年她被唐中宗封为二品昭容，更是权倾天下。

她不仅在权力的磁场里游刃有余，更让世人仰慕的是她还拥有“执杆称量天下士”的卓绝才华。意思是说她就像一杆秤，可以精确称量出每个文人雅士的才华。

这样的女人，风华绝代，旷古绝今。

出身名门，幼时多难

相传上官婉儿将生时，母亲郑氏梦见一个巨人，给她一秤道：“持此称量天下士”。郑氏料想腹中，必是一个男孩，将来必能称量天下人才，谁知生下地来，却是一个女儿，郑氏心中甚是不乐。这婉儿面貌美丽，却胜过她母亲，自幼聪明伶俐，出世才满月，郑氏抱婉儿在怀中戏语道：“汝能称量天下士么？”婉儿即呀呀地相应。待往后婉儿专秉内政，代朝廷品评天下诗文，果然“称量天下士”。

上官婉儿是西汉上官桀、上官安、上官期祖孙三代的后裔，唐高宗时宰相上官仪孙女。公元 664 年（麟德元年），上官仪因替高宗起草将废武则天的诏书，被武则天所杀，同时被杀的还有上官婉儿的父亲上官庭芝。刚刚出生的婉儿和母亲郑氏同被配没夜庭。在夜庭为奴期间，在其母的精心培养下，上官婉儿容貌出众，熟读诗书，不仅能吟诗着文，而且明达史事，聪敏异常。

公元 677 年（仪凤二年），武则天召见年仅十四岁的上官婉儿，当场出题考较。上官婉儿文不加点，须臾而成，且文意通顺，词藻华丽，语言优美，像是夙构而成。武则天再看她秀美轻盈，一颦一笑，自成风度，整个出落得妖冶艳丽。武则天大悦，当即下令免其奴婢身份，让其掌管宫中诏命，封为才人。

不久，上官婉儿又因违忤旨意，罪犯死刑，但武则天惜其文才而特予赦免，只是处以黥面（在脸上刻记号）。说为嗣圣元年二月，武则天废中宗为庐陵王，自己当皇帝。扬州司马徐敬业率十万之众讨伐武则天，当时骆宾王写了《为徐敬业讨武曌檄》。婉儿从宫人手中得到，因文采飞扬，爱不释手。在与武则天交谈中，婉儿讲出要爱护人才的话，招致女皇帝不满。

另一说则离奇一些，武则天万岁通天三年的一天，武则天与男宠张昌宗兄弟二人正在吃早餐，上官婉儿也一旁坐下吃饭。突然，武则天一扬手，一把利刀射向上官婉儿的额头。原来，上官婉儿在吃饭时多看了张昌宗两眼，被武则天一气扔出匕首。上官婉儿不该暗中与武则天的男宠张昌宗偷情。武氏气愤不过，下令将上官婉儿关了起来。但她心里也矛盾极了：婉儿常为她制诰下令，几乎不用武氏操心；不杀，又咽不了恶气。于是决定代之以黥刑，让她接受教训。以后，上官婉儿遂精心侍奉，更得武则天欢心。

称量天下士

公元705年（神龙元年），张柬之等拥护李唐宗室的大臣发动神龙政变，年老病危的武则天被迫退位。神龙政变后，唐中宗李显复辟，又令上官婉儿专掌起草诏令，深被信任，拜为昭容。据《旧唐书》的说法，她的地位仅次于皇后一人，妃子三人，属于“九嫔”的第二名。

在她的倡议下，天下大兴文学之风，各种各样的赛诗会如火如荼。文才飞扬的婉儿理所当然成了焦点人物，她当仁不让地主持会议，不但代帝后提刀作诗，还充任考评裁判，并对文才绝佳者实施奖励。据说，第一名可以荣获黄金铸造的“爵”一尊。

唐中宗年间，有一年正月三十，中宗与群臣到昆明池（在今天的西安市）游玩赋诗，众臣唱和诗歌一百多首。于是中宗命在帐殿前扎了彩楼，令上官婉儿登彩楼评诗。

于是臣子们聚集在彩楼之下，静等评诗结果。一会儿，只见楼上纸片飘飞坠落下来，静候在楼下的臣子纷纷找到了

自己的诗作。这时，只有两个人的诗作没有扔下楼来。一个是沈佺期，一个是宋之问。又过了一会儿，一张纸片飘飞下来，众人捡起来一看，是沈佺期的。

上官婉儿宣告结果：沈佺期与宋之问的这两首诗，功力不相上下。但是宋之问的诗结尾要胜过沈佺期的，所以这一轮比拼，宋之问赢了！

沈佺期与宋之问都是中宗时期的著名宫廷诗人，在当时名气不分伯仲，对唐代近体诗格律诗体制的成熟与完备都做出了极大贡献。但这两个人都自负诗才，互不服气。所以这种情况下，要对他们的诗进行评判，还要让彼此心服口服，实非易事。

更何况，这一次的诗，两个人写的诗都题为《奉和晦日幸昆明池应制》，都是五言六韵排律依韵诗，内容都是即兴写景，歌功颂德，甚至开头都差不多。

宋诗开篇："春豫灵池会，沧波帐殿开。"（春天我有幸参加皇上在昆明池举行的诗会，只见浩渺波涛旁边帐殿千门打开），沈诗开篇："法驾乘春转，神池象汉回。"（皇上车驾趁着大好春光游转，昆明池像银河似地浩渺回环），两首诗的开篇都是由中宗皇帝在昆明池边举行赛诗盛会，池波浩渺的壮丽景色起笔。

在这种情况下，上官婉儿抓住两首诗的结尾进行评判。

沈诗结尾："微臣雕朽质，羞睹豫章材。"宋诗结尾："不愁明月尽，自有夜珠来。"沈佺期的诗结尾是自谦写法。微臣，是谦称。雕朽质，出自《论语 · 公治长》："朽木不可雕也"，本意是指孔门弟子宰予才质低下不堪造就。豫章材，豫为枕木，章为樟木，都是优秀木材。又，汉武帝曾在昆明池建豫章观，池中设豫章台。沈佺期这两句诗是自谦之词。

而宋之问诗的结尾“不愁明月尽，自有夜珠来”意思是：不必担心今晚没有明月，因为皇上游幸昆明池，夜明珠将照耀得如同白昼，昆明池的景色也将会更美妙。

结尾两相比较，婉儿的结论是：沈诗“词气已竭”，宋诗“犹陟健举”。意思是：沈佺期的诗结尾意竭气尽，没有余味，读起来感觉境界不高，不能震撼激动人心，谦恭是够了，却未免有垂头丧气之感。而宋之问的诗结尾境界开阔，有高举旗帜意气风发，豪情满怀之感。如此一比，宋优沈劣自见。在场诸君俱心服口服。

正因为上官婉儿的出众才华，“一时辞臣多集其门下。”到了开元年间，唐玄宗还下令收集其诗文，辑成二十卷，张说《昭容文集序》里说她：“两朝兼美，一日万机，顾问不遗，应接如意，虽汉称班媛，晋誉左媪，文章之道不殊，辅佐之功则异。”

作为才女，上官婉儿不仅诗写得好，还令上官体诗发扬光大，扩大了修文馆，加强了书籍的编纂、修补，主导、推动了中宗时期文坛之发展，致使“国有好文之士，朝希不学之臣”，而且搜尽天下名士，“野无遗逸”。可惜这样的绝代风华却被阴暗的政治生活所掩盖——其名诗《彩书怨》中的“露浓香被冷，月落锦屏虚”正可作其命运之写照。

冰雪林中著此身，不同桃李混芳尘
忽然一夜清香发，散作乾坤万里春

李清照

群芳竞秀 盛开一只女儿花

大河百代，众浪齐奔，淘去万个英雄汉。
诗苑千载，群芳竞秀，盛开一枝女儿花。
——臧克家

有“千古第一才女”之称的李清照是宋代婉约派的代表，她的诗词让人眷恋；她的遭遇让人痛心；她的美貌让人陶醉。都说美人能够把江山描绘出幸福浪漫的样子，清照又何尝不是这样呢？在与丈夫赵明诚相恋的日子里，清照的诗词总是如此的美丽，抒发的情感总是如此的动人。

李清照不管是少女时“却把青梅嗅”的聪慧羞涩，抑或婚后的相思缠绵，还是老年后的凝重悲伤，都把古典诗词的精髓连着一颗心揉进了作品，凭艺术的美感浸入人心，勾住人的魂魄。

李清照在词里吟唱的感受，已不仅仅是宋人的感受，已不仅仅是心绪复杂、国难家变的南宋人的泪，而是超越了时代和时空的人这种特殊动物亘古不变的感受，和独自疗伤时的泪水。

沉醉不知归路，误入藕花深处

李清照出身书香门第。父亲李格非任礼部员外郎，是当时著名的学者，母亲知书能文。李清照资质聪慧，不仅多才多艺，少有诗名，更可贵的是作为名门闺秀，她敢于挣脱封建礼教的束缚，天性率真不羁。《如梦令》中，她酣畅饮酒，“沉醉不知归路”“误入藕花深处”，颠覆了封建淑女端庄矜持的形象。《点绛唇》中，她快意荡秋千，“见有人来，袜划金钗溜，和羞走。倚门回首，却把青梅嗅。”那个懵懂害羞、激动慌乱的怀春少女形象极为鲜活，充满了对爱情的由衷向往。

李清照 18 岁与宰相赵挺之之子赵明诚结婚。门当户对，两情相悦，又难得夫妻志趣相投，他们常常切磋诗文，砥砺进步，实属人间美事。但赵挺之是王安石变法的积极拥戴者，与反对变法的苏轼结怨颇深，而李格非属苏门后四学士，政见相左的二人联姻，此后的矛盾不难预料。婚后第二年，李清照就被卷进复杂的政治斗争中。新党蔡京任右相，极力打击旧党。

李格非一再被降职，直至驱逐出京城。赵挺之一路升迁至尚书右丞。为救父亲，李清照向公公求援，未果。她亦因父受牵连，不可留守京城而与赵明诚暂别。对此，她无惧封建家长的威势，曾大胆指斥公公“炙手可热心可寒”。后来党争愈演愈烈，公公与蔡京交恶，终被罢官后疾卒。随之赵家被蔡京诬陷，公公赠官被夺，赵明城荫封之官丢失，夫妻被迫回到青州。

不过李清照这一时期的生活是幸福安逸的。她驾驭得了养尊处优的贵妇身份，也能安适于普通女子的乡居生活。乡居的幸福，已无缘显赫富贵，是“腹有诗书气自华”的优雅，是于喧嚣尘世中的诗意栖居。天性使然，她的情怀在书香氤氲里，她命其室为“归来室”，自号“易安居士”。赵明诚爱好收藏，李清照不惜家财，全力支持丈夫搜集买入大量金石书画，宁肯“食去重肉，衣去重彩，首无明珠翡翠之饰，室无涂金刺绣之具”。

他们共同从事学术研究，编纂《金石录》。在编纂过程中，夫妻二人常常以材料出处为题竞答，说快说准者饮茶为奖励。美中稍有不足，赵明诚几次出仕于外，免不得夫妻相思两地，李清照前期词作多写少女少妇时的美满及相思别离之情。

南渡不久，在混乱的局势中，赵明诚接受了湖州太守的任命，赴任途中，病死于建康。加之辗转途中，丈夫的爱物金石等丢失几尽，李清照的精神受到沉重打击，后期词风陡变，多写离乱中的孤独生活，国破家亡的孤苦心境。

中国起源最早的文学样式是诗歌，诗歌具有文学高贵的血统。漫过风骚乐府，流到唐诗宋词，能够在诗歌河流里款款游弋的女子实在寥寥，而李清照能够占领词坛成为婉约词宗，是其艺术魅力的必然。

仅以她后期代表词作《声声慢》为例便可看出其艺术修养之高：寻寻觅觅，冷冷清清，凄凄惨惨戚戚。乍暖还寒时候，最难将息。三杯两盏淡酒，怎敌他、晚来风急？雁过也，正伤心，却是旧时相识。满地黄花堆积。憔悴损，如今有谁堪摘？守着窗儿，独自怎生得黑？梧桐更兼细雨，到黄昏、点点滴滴。这次第，怎一个愁字了得！

“三杯两盏淡酒，怎敌他晚来风急。”这里的“淡酒”，可以是味淡之酒，照应了“将息”身体。但晚来风急，淡酒不足以御寒，只感冷气袭人，写出了身体之冷。同时，这个“淡酒”，也可以是烈酒，词人借酒浇愁，照应“将息”心灵愁苦。只是词人愁苦太重了，国破，夫死，金石丢，酒入愁肠愁更愁。满心是愁，致使酒力压不住愁，自然觉着酒味寡淡了，写出了愁苦之重。

“雁过也，正伤心，却是旧时相识”，这里用了传统意象“雁”。词人在《一剪梅》中写道：“云中谁寄锦书来，

岸上谁家游冶郎，三三五五映垂杨。紫骝嘶入落花去，见此踟蹰空断肠。

雁字回时，月满西楼。”丈夫在世时，也曾有过分别，正是鸿雁传书，送来丈夫的温情与慰藉。能传情的大雁，与她岂非旧日相识？只是往日虽有分别之苦，但也有相见之欢的希望。而今丈夫已逝，纵有万般情思，寄于何人？“旧时相识”引发的是夫亡的悲慨。

另外，靖康之耻后，北宋灭亡。李清照夫妇不得不避难江南，而今只留下词人孤苦地寄居于此。于是，国仇与家恨之感绵密涌上心头。倾颓的大厦之下难有未破的完卵，摧折的楠木之上岂有温暖的窝巢。北雁南来，北人难逃，北人北雁，岂非旧日相识？但待春来，雁尚可回到北方，而人的家园何在，何日才可回归？这“旧日相识”怎不让人伤感，怎不引发国破家亡，漂泊南方的悲苦？

“满地黄花堆积，憔悴损，如今有谁堪摘”，这里的黄花，结合“憔悴损”也可以有不同的理解。一方面，可理解为黄花憔悴，以花喻人，暗示韶华已去，青春不再。“谁”，是“何，什么”之意，指花谢无人怜爱，也暗示词人晚年孤独寂寞，没人欣赏，没人呵护，就像黄花一样，一朵朵一瓣瓣枯萎凋谢，给人“花谢花飞飞满天，红消香断有谁怜”的审美感受。另一方面，可理解为黄花开得茂盛，簇拥枝头，憔悴的是人。这便有了乐景哀情的反衬手法。词人往日有采花装点案头的习惯，幸福的她曾充满“东篱把酒黄昏后，有暗香盈袖”的雅致，而今年迈的词人剩下的只有无心摘花或无人共摘花的苦闷，让这窗外黄花白白开了又落，无限伤痛涌上心头。无论黄花茂盛还是凋谢，词人借助它表达的始终是自己内心深处难以排遣的凄苦之情。

诗歌应是最美的艺术之花，以其凝炼的语言，极大的跳跃性及丰富的空白美，引发读者无穷的想象力。可以写出阳春白雪，亦可以写出下里巴人，但媚俗和低俗在外。李清照的词，选用精当的意象，带给人们丰富的艺术美感，成为婉约词宗当之无愧。

生当作人杰，死亦为鬼雄

可贵的是，李清照决不是一个只会吟唱着哀婉缠绵之词、娇弱柔顺的女子，她的身上也有着一股不输给男子的豪爽之气。

除了小女子的日常琐事、闲情愁绪，她也有超出个人情感，关心政治和国家大事的作品。

其中有些作品也写得淋漓痛快，大气磅礴。

建炎四年，苗刘兵变，赵旉被立为皇帝，李清照从章安逃难到温州，在船上写下了一首《渔家傲》：“天接云涛连晓雾，星河欲渡千帆舞。仿佛梦魂归帝所，闻天语，殷勤问我归何处？”

这首词准确地描写了海天相接、星河欲转的景色，视野阔大，写出了李清照的豪放性情和开阔胸襟，毫无钗粉气。

李清照虽以词闻名，但也写过诗，而且她的诗风大都是十分有气势和胸襟的。

在《咏史》中，她写道：

两汉本继绍，新室如赘疣。
所以嵇中散，至死薄殷周。

朱熹曾如此评论：“如此等语，岂女子所能。”从这首诗中我们不难看出，李清照对历史政治的熟知和关注，并且她是有着自己的看法的。

另一首最出名的诗，是作于建炎三年，当时李清照乘船从南京出发，路过了当年项羽兵败自杀的乌江，心有所感，写了这首很有豪杰气概的《乌江》：

生当作人杰，死亦为鬼雄。
至今思项羽，不肯过江东。

这等气概，哪里有一丝娇弱柔顺之意！

除了在诗词上面的表现外，在其它方面也能看出她的豪爽。

拿饮酒来说，李清照爱喝酒也是出了名的，稍微了解她的人都知道，这个深闺女子，酒量可不一般，58 首词中，就有 28 首提到了酒。

“沉醉不知归路”“三杯两盏淡酒”“不如随分尊前醉”等，这些对自己饮酒情形的出色描写，让她一跃成为能和李白、苏轼等人并列的古代饮酒人物形象榜。

李清照不同于一般的闺中女子，她出生于书香门第，从小就接受了良好的文化教育，据说她一写出作品，马上就有人争着传阅，而除了诗词之外，李清照还擅长绘画、琴艺，精通博弈。

这里，我们能看到她豪放性情、开阔胸襟的一面，如果仅是因为她是女子，就将她局限在婉约柔情一面，那就太不公正了，其实她也有着能匹敌男性的豪爽果决。

纵观李清照的人生，她是个人天赋与时代风云共同成就的大家。不，岂止是大家。她出道近千年来，获得赞誉无数：从女性词人中的第一，到婉约派宗主，直至顶级的“词国皇后”。可以一言以蔽之，她就是南宋词坛当之无愧的一面大旗，她在哪里，南宋词坛的高峰就在哪里。

林徽因

你若安好 便是晴天

时光如水，总是无言。若你安好，便是晴天。

——徐志摩

林徽因身上的标签有：中国著名建筑师、作家、诗人，代表作《你是人间四月天》《莲灯》《九十九度中》等。在民国文化的土壤上，在那个才女辈出的时代，林徽因无疑是无数男人心中最温暖和最温柔的印记。她像一个不食人间烟火的仙女，在古建筑间穿行，在诗文中游走，漫步于红尘之上，淡定，与世无争。

《红楼梦》中有诗言“气质美如兰，才华馥比仙。”意思是说气质之优美如同幽谷中的兰花一样芳馨纯洁，才华之出众又宛如仙子一样聪慧敏捷。

林徽因，自然当得这一评价。她不只是拥有美貌的金丝雀，更是才貌双全的百灵鸟！拥有着姣好的面容，无与伦比的气质和才华，以其独特个性和才情书写着生命华章，或挥洒墨意，或研磨工笔，巾帼不让须眉，成为一道独特而令人叹赏不尽的风景。

风情万种女人花

林徽因对自己的言行举止和着装要求很高。她喜欢剪一头清爽的短发，前额烫几个优雅的小卷，极为可爱。喜爱设计的她，为自己设计了婚礼服和整场婚礼，别出心裁地融入了中西方服饰结构和廓形。哪怕是在艰苦的调研里，她也会穿着平跟短靴，戴上遮阳帽；就算是因病消瘦，也依然气质非凡。费正清这么形容林徽因：“她穿一身合体的旗袍，朴素又高雅，别有一番韵味，东方美的娴雅、端庄、轻巧、魔力全在里头了。”

林徽因曾说过：“真讨厌，什么美人、美人，好像女人没有什么事可做似的，我还有好些事要做呢！”在她看来，仅以“美人”来看待她，是对她的轻视。

为什么人人视为“福利”的美好容颜，在林徽因这里却成了苦恼呢？因为对林徽因的生命历程来说，姣好的容貌却是她身上最不足称道的东西。

你还记得十几岁时的梦想吗？想必没有多少人能回答：我一直在坚守梦想。但林徽因，16 岁受邻居女建筑师影响，立下投身建筑事业的志愿后，一生都在为这个梦想，不懈耕耘。

当时，梁思成尚未确认志向，曾想子承父业学习西方政治，但被林徽因对建筑的高谈阔论改变了主意。甚至在谈婚论嫁时，她也以对方必须与自己到美国学习建筑为条件，对梁思成的一生的立志起了关键作用。

不远万里赴美国留学，却得知建筑系不招女生。林徽因便“曲线救国”，在美术系注册，但选修了建筑学的全部课程。她全身心投入课业，优异的成绩使她成为课程助教。学成归国后，她与梁思成受聘于东北大学，创建建筑系，将留学时的经验用于学校。林徽因还设计了东北大学“白山黑水”的校徽。

林徽因早年患肺疾，抗战期间颠沛流离，病情加剧为肺结核。但哪怕身患重疾（肺结核在当时属于不治之症），她依然与梁思成一路风餐露宿、翻山越岭，走遍中国 15 个省、200 多个县，考察测绘了 200 多处古建筑。尤其是骑着毛驴寻觅到佛光寺时，身体羸弱的林徽因，亲自爬上长梯测量。

当时民生凋敝，考察路途异常艰辛，林徽因的考察日记里写到：“行三公里雨骤至，避山旁小庙中。六时雨止，沟道中洪流澎湃，不克前进，乃下山宿大社村周氏宗祠内。终日奔波，仅得馒头三枚，晚间又为臭虫蚊虫所攻，不能安枕尤为痛苦。”

然而，林徽因却甘之如饴。两人寻访古桥、古堡、古寺，透过岁月的积尘，勘定年月、揣摩结构、计算尺寸、绘制图片、拍照归档。这些实际考察，也使梁思成破解了中国古建筑结构的奥秘，完成了对“天书”《营造法式》的解读，林徽因为这本书所作的绪论，亦是建筑史里的一大成绩。

之后，在病榻上的她依然运筹帷幄，组建清华大学建筑系、为保护北京城古建筑而奔走呼吁，直至最后与世长辞，都仍心心念念着建筑。

你若盛开，清风自来

16 岁时，林徽因在英国与诗人徐志摩相识，后者很快便陷入了她清亮的眼眸里，甚至不惜为了她与妻子张幼仪离婚。徐志摩坦言，自己是因为林徽因才走上了诗歌的道路，她是落在他心湖里的一朵云，甘愿做她裙边的一株草，哪怕只能在凝望中爱着她。

林徽因最终选择了梁思成。她欣赏徐志摩的浪漫与飘逸，但睿智如她，并不任由感性来左右自己的选择，就连张幼仪都评价她“是一位思想更复杂、长相更漂亮、双脚更自由的女士。”

多年以后，林徽因曾对儿女说：“徐志摩当初爱的并不是真正的我，而是他用诗人的浪漫情绪想象出来的林徽因，而事实上我并不是那样的人。”

这一句话对众多迷失在爱情中的姑娘来说，可谓是醍醐灌顶。能在深情的爱意里保持冷静的思考与选择，多么难能可贵。

至于好友金岳霖，林徽因坦诚确实动过心，她对梁思成说：“我苦恼极了，因为我同时爱上了两个人，不知道怎么办才好。”梁思成一夜未眠，第二天告诉林徽因：“你是自由的，如果你选择了老金，我祝愿你们永远幸福。”金岳霖得知后，主动退出：“思成是真正爱你的，我不能伤害一个真正爱你的人，我应该退出。”

此后三人再不提这件事，依然互相探讨学问，甚至在梁思成与林徽因吵架时，也是由金岳霖来做仲裁。金岳霖为了林徽因，终生未娶。

三人坦诚相对，并无隐瞒，也无越轨之举，却遭到众多人的非议。正如李健吾所说：“女人都把林徽因当仇敌。这不仅由于她的美貌，更因为这么多才子纷纷拜倒在她的石榴裙下，她却不为所动。”

张幼仪恨她，将之视为自己婚姻的第三者，更恨她对徐志摩的拒绝；陆小曼妒她，因为她永远是徐志摩心中难以被取代的女神；学生林洙以一面之词散布她与金岳霖的关系。

但她并不在意：“我不会以诗人的美誉为荣，也不会以被人恋爱为辱”。

“石头一车不如明珠一颗”，朋友不需多，有几个交心的便已足够，时间不该在琐碎的市井杂言中消磨殆尽，而应该留给最值得的人。她不与谁争辩，身材窈窕，但心胸宽广，自有姿态，全心全意投入到建筑事业与家庭生活中。她的寂静，让所有非议都成了碎片。

正如林徽因写给胡适的信里提到的：“我受的教育是旧的，我也编不出什么新的人里，我只要‘对得起’人。”父母、丈夫、儿女、挚友，便是她真正在意且固有底线的人，因此，不论是对徐志摩，还是金岳霖，她都不会越线。

三毛说：“你若盛开，清风自来。”不论是为她肝脑涂地的徐志摩，还是为她放逐山野终身不娶的金岳霖，都没有爱错人。美好如林徽因，值得他们用一生来念念不忘。

人生没有不负重的飞翔。林徽因的人生，也不尽完美。

林徽因的生母是续弦，来自小镇，没有文化，没有儿子，性格又执拗难相处，并不得宠爱。林徽因作为长女，夹在父

亲与母亲、母亲与二娘之间，承受了巨大的压力。终其一生，母女俩的关系都很紧张。但作为女儿的她，依然尽心尽力地服侍母亲，甚至选择与梁思成结婚，也与父亲已逝、父亲的好友梁启超承诺会赡养伶仃的母亲有关。

早年车祸使梁思成留下了腿瘸、常年穿铁马甲固定腰椎的后遗症，家庭一切都是林徽因在打理。动荡时期，梁思成受批斗，红卫兵要求林徽因与他划清界限，甚至逼她与之离婚时，她理智、冷静地对待："我审视了自己对婚姻的准则：坦诚、理解、信任、宽容、责任。我与思成之间没有任何隐私，我们做到了坦诚，正因为我们互相如此真诚，因此得到了互相的理解与信任，我宽容他的任何错误。因此我也就有责任与他共同承担家庭的任何不幸。离婚？不！"

这样在浪潮中的坚定，又有多少人能做到呢？新婚之夜，梁思成问她："这个问题我只问一遍，以后再也不提，为什么是我？"林徽因说："这个问题我要用一生来回答，准备好听我了吗？"她确实用一生的时间，给出了最好的答案。

作为一名母亲，她也倾尽心血哺育和教导自己的孩子。抗日战争爆发后，一家人逃难到昆明、重庆。物价昂贵，她在菜籽油灯的微光下，缝着孩子的布鞋，买便宜的粗食回家煮，过着我们父辈少年时期的粗简生活。她在战火纷飞的年代里保持着"倔强的幽默感"，以戏谑的眼光来看待杂沓纷乱的一切，给孩子们传达了对生活的坚定信心。

面对这样的女子，倘若还要纠缠她的情感，那么为她终身不娶的哲学家金岳霖的真诚最能够说明她情感的品质。倘若还要记起她的才华，那么她的诗文以及她与梁思成共同完成的论著还不足以表现她才华的全部，因为那些充满知性与灵性的连珠的妙语已经绝响。倘若还要记起她的坚忍与真诚，那么她一生的病痛以及伴随梁思成考察的那些不可计数的荒郊野地里的民宅古寺足以证明，她确实是一位不可多得的东方女性的杰出典范。

白云一片去悠悠，青枫浦上不胜愁
谁家今夜扁舟子？何处相思明月楼

杨绛

山静似太古 日长如小年

山静似太古，日长如小年。
余花犹可醉，好鸟不妨眠。
世味门常掩，时光簟已便。
梦中频得句，拈笔又忘筌。
——宋·唐庚《醉眠》

世人了解杨绛多半是钱钟书那句“最美的妻，最才的女。”或是之前大家一直挂在嘴边的一句情话“我见到她之前，从未想到结婚；我娶了她十几年，从未后悔娶她。”但杨绛真正令人敬佩的是：走过战争与动荡，在长达一百年的时间里始终保持不争不慌的状态。亦如她自己所阐述：一个人经过不同程度的锻炼，就获得不同程度的修养，不同程度的效益。好比香料，捣得愈碎，磨得愈细，香得愈浓烈。在年轻时认真经历生命的历练，方能在岁月中优雅地老去。

杨绛先生的一生，就像是“庄周梦蝶”，可谓人生如梦。她自己也认为，她是在做梦，还是她在蝴蝶的梦里。杨绛先生的《我们仨》，写的就是她的梦魇，也是她的人生。在世俗的人间，她认为每个人都是痛苦的，每个阶段都有不同的矛盾与痛苦，就好像每家都有难念的经一样。所以最后她悟道：世界是自己的，与他人毫无关系。

杨绛的后半生，又是回归的过程。杨绛借翻译英国诗人兰德那首著名的诗，写下自己的心语：“我和谁都不争、和谁争我都不屑；我爱大自然，其次就是艺术；我双手烤着生命之火取暖；火萎了，我也准备走了。”所以，如果说《我们仨》是杨绛先生的梦魇，那么，爱世界，便是她的归途！

杨绛先生不仅给我们留下了文字，而且给我们提供了生活的另一种可能——就是不争，只专注做好自己。

最贤的妻，最才的女

“最贤的妻，最才的女。”这是相濡以沫的丈夫钱钟书对杨绛的最高评价。

杨家世居无锡，是当地一个有名的知识分子家庭。杨绛的父亲杨荫杭学养深厚，早年留日，后成为江浙闻名的大律师，做过浙江省高等审判厅厅长。辛亥革命前夕，杨荫杭于美国留学归来，到北京一所法政学校教书，就在这年 7 月 17 日，杨绛在北京出生，父亲为她取名季康，小名阿季。

1935年7月13日，钱钟书与杨绛在苏州庙堂巷杨府举行了结婚仪式。随后钱钟书考取了中英庚款留学奖学金，杨绛毫不犹豫中断清华学业，陪丈夫远赴英法游学。满腹经纶的大才子在生活上却出奇地笨手笨脚，学习之余，杨绛几乎揽下生活里的一切杂事，做饭制衣，翻墙爬窗，无所不能。杨绛在牛津“坐月子”时，钱钟书在家不时闯“祸”。台灯弄坏了，“不要紧”；墨水染了桌布，“不要紧”；颧骨生疔了，“不要紧”——事后确都一一妙手解难，杨绛的“不要紧”伴随了钱钟书的一生。

1937年，上海沦陷，第二年，两人携女回国。钱钟书在清华谋得一教职，到昆明的西南联大上课，而杨绛留在上海，在老校长王季玉的力邀下，推脱不过任了一年母校振华女中的校长，这也是她生平惟一一次做“行政干部”，其实一贯自谦“我不懂政治”的杨绛，正是毕业于东吴大学的政治系。

1945年的一天，日本人突然上门，杨绛泰然周旋，第一时间藏好钱先生的手稿。解放后至清华任教，她带着钱钟书主动拜访沈从文和张兆和，愿意修好两家关系，因为钱钟书曾作文讽刺沈从文收集假古董。钱家与林徽因家的猫咪打架，钱钟书拿起木棍要为自家猫咪助威，杨绛连忙劝止，她说林的猫是她们家“爱的焦点”，打猫得看主人面。杨绛的沉稳周到，是痴气十足的钱钟书与外界打交道的一道润滑剂。

家有贤妻，无疑是钱钟书成就事业的最有力支持。1946

年出版的短篇小说集《人 · 兽 · 鬼》出版后，在自留的样书上，钱钟书为妻子写下这样无匹的情话：“赠予杨季康，绝无仅有的结合了各不相容的三者：妻子、情人、朋友。”

1966 年，钱钟书和杨绛都被革命群众“揪出来”，成了“牛鬼神蛇”，被整得苦不堪言，杨绛还被人剃了“阴阳头”。她连夜赶做了个假发套，第二天照常出门买菜。群众分给她的任务是清洗厕所，污垢重重的女厕所被她擦得焕然一新，毫无秽气，进来的女同志都大吃一惊。

形势越来越严峻，钱钟书在中国社科院文学所被贴了大字报，杨绛就在下边一角贴了张小字报澄清辩诬。这下群众炸窝了，身为“牛鬼蛇神”的杨绛，还敢贴小字报申辩！她立刻被揪到千人大会上批斗示众。当时文学所一起被批的还有宗璞、李健吾等，其他人都低着头，只有杨绛在被逼问为什么要替资产阶级反动权威翻案时，她跺着脚，激动地据理力争：“就是不符合事实！就是不符合事实！”这“金刚怒目”的一面，让许多人刮目相看，始知她不是一个娇弱的女人。

1969 年，他们被下放至干校，安排杨绛种菜，这年她已年近六十了。钱钟书担任干校通信员，每天他去邮电所取信的时候就会特意走菜园的东边，与她“菜园相会”。在翻译家叶廷芳的印象里，杨绛白天看管菜园，她就利用这个时间，坐在小马扎上，用膝盖当写字台，看书或写东西。而与杨绛一同下放的同伴回忆，“你看不出她忧郁或悲愤，总是笑嘻嘻的，说‘文革’对我最大的教育就是与群众打成一片。”其实十年文革，钱杨夫妇备受折磨，亲人离散。而沉重的伤悲未把两人压垮，在此期间，钱钟书仍写出了宏大精深的古籍评论着作《管锥编》，而杨绛也完成了翻译的巅峰之作——讽刺小说《堂吉诃德》。从干校回来八年后，杨绛动笔写了《干校六记》，名字仿拟自沈复的《浮生六记》，记录了干校日常生活的点滴。这本书自 1981 年出版以来在国内外引起极大反响，胡乔木很喜欢，曾对它下了十六字考语：“怨而不怒，哀而不伤，缠绵悱恻，句句真话。”赞赏杨绛文字朴实简白，笔调冷峻，无一句呼天抢地的控诉，无一句阴郁深重的怨恨，就这么淡淡地道来一个年代的荒谬与残酷。女儿钱瑗一语道破：“妈妈的散文像清茶，一道道加水，还是芳香沁人。爸爸的散文像咖啡加洋酒，浓烈、刺激，喝完就完了。”

从 1994 年开始，钱钟书住进医院，缠绵病榻，全靠杨绛一人悉心照料。不久，女儿钱瑗也病中住院，与钱钟书相隔大半个北京城，当时八十多岁的杨绛来回奔波，辛苦异常。钱钟书已病到不能进食，只能靠鼻饲，医院提供的匀浆不适宜吃，杨绛就亲自来做，做各种鸡鱼蔬菜泥，炖各种汤，鸡胸肉要剔得一根筋没有，鱼肉一根小刺都不能有。“钟书病中，我只求比他多活一年。照顾人，男不如女。我尽力保养自己，争求‘夫在先，妻在后’，错了次序就糟糕了。”

我只是一滴清水

1997年,被杨绛称为“我平生唯一杰作”的爱女钱瑗去世。一年后,钱钟书临终,一眼未合好,杨绛附他耳边说:“你放心,有我呐!”内心之沉稳和强大,令人肃然起敬。“钱钟书逃走了,我也想逃走,但是逃到哪里去呢?我压根儿不能逃,得留在人世间,打扫现场,尽我应尽的责任。”当年已近九十高龄的杨绛开始翻译柏拉图的《斐多篇》。2003年,《我们仨》出版问世,这本书写尽了她对丈夫和女儿最深切绵长的怀念,感动了无数中国人。而时隔四年,96岁高龄的杨绛又意想不到地推出一本散文集《走到人生边上》,探讨人生的价值和灵魂的去向,被评论家称赞:“九十六岁的文字,竟具有初生婴儿的纯真和美丽。”

这位老人的意志和精力,让所有人惊叹!

这也是她一贯身心修养的成果。据杨绛的亲戚讲述,她严格控制饮食,少吃油腻,喜欢买了大棒骨敲碎煮汤,再将

汤煮黑木耳，每天一小碗，以保持骨骼硬朗。她还习惯每日早上散步、做大雁功，时常徘徊树下，低吟浅咏，呼吸新鲜空气。高龄后，改为每天在家里慢走7000步，直到现在还能弯腰手碰到地面，腿脚也很灵活。

当然更多的秘诀来自内心的安宁与淡泊。杨绛有篇散文名为《隐身衣》，文中直抒她和钱钟书最想要的“仙家法宝”莫过于“隐身衣”，隐于世事喧哗之外，陶陶然专心治学。生活中的她的确几近“隐身”，低调至极，几乎婉拒一切媒体的来访。2004年《杨绛文集》出版，出版社准备大张旗鼓筹划其作品研讨会，杨绛打了个比方风趣回绝：“稿子交出去了，卖书就不是我该管的事了。我只是一滴清水，不是肥皂水，不能吹泡泡。”

钱钟书去世后，杨绛以全家三人的名义，将高达八百多万元的稿费和版税全部捐赠给母校清华大学，设立了“好读书”奖学金。杨绛与钱钟书一样，出了名的不喜过生日，九十岁寿辰时，她就为逃避打扰，专门躲进清华大学招待所住了几日“避寿”。她早就借翻译英国诗人兰德那首著名的诗，写下自己无声的心语：“我和谁都不争、和谁争我都不屑；我爱大自然，其次就是艺术；我双手烤着生命之火取暖；火萎了，我也准备走了。”

村上春树在《挪威的森林》中说：死并非生的对立面，而作为生的一部分永存。或许我可以理解成为：天堂是有的，相逢的人会再相逢。这样，死亡就并非生命的终结，而是另一种形式的永生。果真如此的话，“我们仨”就在另一个世界团聚了，永远不会再分开，这也就是这个故事最美满的结局。

第二章

质傲清霜色 香含秋露华

正得西方气，来开篱下花。
素心常耐冷，晚节本无瑕。
质傲清霜色，香含秋露华。
白衣何处去，载酒问陶家。

——清·许廷鑅《白菊》

女人如梅花，不惧严寒
迎着风雪，傲立枝头，尽情绽放

爱梅花，爱你的坚强勇毅
爱梅花，爱你的顽强不屈
爱梅花，爱你在困难面前不低头
爱梅花，爱你象征着我们巍巍的大中华
永远都是意气蓬勃，屹立不倒

王昭君

君王纵使轻颜色 予夺权何畀画工

绝艳惊人出汉宫，红颜命薄古今同。
君王纵使轻颜色，予夺权何畀画工？
——清·曹雪芹《五美吟·明妃》

王昭君化身和平使者，远嫁胡地，她不是简单的出嫁，而是为维持汉与匈奴的和平局面，身在异乡的她做了许多实事。如今，王昭君墓的“青冢”出现在很多地方，这也从侧面证明了历代人民感念她的大德。在呼和浩特昭君博物院的昭君墓顶上，立有“大德”碑。

王昭君是美的化身，是和平的使者，民族团结的象征，其历史功绩和社会评价位列四大美女之首。王昭君的美能够让人为之倾城，但她能够秉持大义，远赴匈奴，这份爱国之心使得历代文人骚客也纷纷以诗歌的形式来歌颂这位最美公主远嫁匈奴的大义。

杜甫有诗云：

群山万壑赴荆门，生长明妃尚有村。
一去紫台连朔漠，独留青冢向黄昏。
画图省识春风面，环佩空归月夜魂。
千载琵琶作胡语，分明怨恨曲中论。

诗中“荆门”是王昭君的湖北老家；“明妃”是晋代人为避司马昭的讳，给王昭君改的名字；“青冢”是王昭君墓，杜甫此句独具匠心，写出了王昭君的非凡人生。

王昭君，一个普通的民家女子，因皇帝选妃进入后宫，过着笼中鸟的生活，本来，就像千千万万的后宫女子一样，在高墙深院中过完平淡无奇的一生，湮没在历史的荒烟中。然而，汉与匈奴的一次和亲，成就了昭君出塞的千古佳话，写进了中国文学。

自从贵主和亲后，一半胡风似汉家

长城是一部史诗，和平是它的注脚。其实，早在西汉立国之初就出现了汉与匈奴的和亲。《史记·匈奴列传》：“匈奴，其先祖夏后氏之苗裔也。”匈奴秦汉时，崛起于北方草原，各部落组成统一的联盟，开始对中原政权形成较大威胁，秦派蒙恬筑长城以御北胡（即匈奴）。秦二世而亡，楚汉争霸，刘邦胜出。汉朝继承了秦的遗产，包括万里长城。

公元前200年，匈奴把汉高祖刘邦围困在平城白登山（今大同马铺山）七昼夜。那时的匈奴，出了个首领——冒顿单于，他趁汉朝未立稳之机，发兵越过长城，直扑马邑（今山西朔州）。驻守马邑的韩王信望风而降，太原告危，刘邦只好亲率32万大军迎战，两军在长城一线对峙。汉军取得几场胜利后，刘邦不顾前哨探军刘敬的劝阻，认为刘敬长匈奴志气，灭自己威风，将其囚禁在广武。结果中了匈奴的诱兵之计，追至白登山陷入重围，与主力部队失去联系。后来，陈平献计，才得以脱险。

白登山之围让刘邦认识到靠战争无法解决与匈奴的争端，他逃出包围之后的第一件事，便来到广武城，释放并问计刘敬。刘敬献策，若皇帝能把公主嫁给冒顿，使其立公主为阏氏（单于皇后），将来生子就是匈奴的太子——汉的皇外孙，可不战而变匈奴为臣。

刘邦采用此建议，开创了汉与匈奴的和亲史，长城线上露出了和平的曙光。和亲这一创举，可以看作对长城防御之不足的补救，但它的意义非同凡响，其历史影响尤为深远，不只是消弭了战争，带来了和平，还让汉文化远播域外，也促进了民族融合。

有诗为证："自从贵主和亲后，一半胡风似汉家。"

后来，随着汉朝国力的上升，卫青、霍去病、李广等汉家大将屡屡重创匈奴，加之匈奴出现内乱，力量消耗殆尽。

汉宣帝时，匈奴发生内乱，五个单于分立，相互攻打不休。其中有一个呼韩邪单于，被别的单于打败，逃到汉朝来，向汉宣帝请求援助。因为呼韩邪单于是第一个到中原来朝见的单于，于是，汉宣帝亲自到长安郊外去迎接他，并为他举行了盛大的宴会。呼韩邪单于在长安住了一个多月后，汉宣帝派了两个将军带领一万人护送他到漠南，同时送给他三万四千斛粮食。呼韩邪单于非常感激。西域各国看见汉朝对呼韩邪单于这么好，也都争先恐后地同汉朝打交道。

一去紫台连朔漠，独留青冢向黄昏

汉宣帝死后，他的儿子刘奭，即汉元帝继位。公元前33年，呼韩邪单于再一次到长安，“自言愿婿汉氏以自亲”，意思是自愿当汉朝的女婿，以便有所依靠。汉元帝同意了。以前匈奴强大，汉朝和匈奴和亲，都是挑选公主或者宗室的女儿，现在呼韩邪的匈奴已成了汉朝的附庸，于是元帝决定挑五个宫女给他。他吩咐人到后宫去传话：“谁愿意到匈奴去的，皇上就把她当公主看待。”民间选来的宫女，进宫后就像鸟儿进笼一样，都希望出宫，但听说要离开本国到匈奴去，却又不乐意。宫女王昭君，长得十分美丽，又很有见识，为了自己的终身，也为了汉朝和匈奴的和好，毅然报名，自愿到匈奴去和亲。呼韩邪临辞之前，元帝召见五女，只见“昭君丰容靓饰，光明汉宫，顾影徘徊，竦动左右”。汉元帝虽然阅美女无数，也大为震惊，想改变主意，却不能开口，只好眼睁睁地看着她去了匈奴。

王昭君抵达匈奴后，与呼韩邪单于非常恩爱，被封为“宁胡阏氏”。据《汉书·匈奴传》等史书记载，王昭君与呼韩邪单于所生的儿子伊屠智牙师被封为右日逐王。婚后三年，呼韩邪去世，嫡子雕提模皋继位。依照匈奴汗国的风俗和律法，嫡子有跟庶母结婚的义务，于是王昭君再嫁给新皇帝。二人年龄相当，新单于更加爱慕王昭君。两人共同生活了十一年，王昭君继续当皇后，跟新单于又生了两个女儿，分别嫁给了匈奴贵族。由于王昭君的原因，匈奴和汉族和睦相处，有六十多年没有发生战争。

王昭君的出塞，加强了民族团结，为国家带来了稳定和太平；她把汉代先进的科学文化知识传播到较为落后的地区，为社会进步做出了贡献。

尔来从军天汉滨，南山晓雪玉嶙峋

呜呼！楚虽三户能亡秦，岂有堂堂中国空无人

班婕妤

有德有言 实惟班婕

有德有言，实惟班婕。
盈冲其骄，穷悦其厌。
在夷贞坚，在晋正接。
临飒端干，冲霜振叶。
——三国·曹植

班婕妤相貌秀美，文才颇高，尤其熟悉史事，常常引经据典、出口成章，她经常开导汉成帝；班婕妤还擅长音律，既写词又谱曲，她的词曲有感而发，使汉成帝在丝竹声中受益匪浅。对汉成帝而言，班婕妤不只是她的侍妾，也是他的良师益友。班婕妤的贤德在后宫中也是有口皆碑。因她不干预朝政，谨守礼教，深受时人敬慕，有“古有樊姬，今有婕妤”之称。

近年来，有关古代后宫宫斗的电视剧都特别火，后宫里女人之间的明争暗斗，你死我活，看得让我们不寒而栗，难以想象。汉成帝刘骜时期后宫的争斗也一样激烈，但是此时的后宫却出现了一位集美貌、智慧与才华于一身却不争不抢的完美女人，她就是西汉一代才女班婕妤。

傅玄有诗云：

斌斌婕妤，履正修文。
进辞同辇，以礼匡君。
纳侍显德，谠对解纷。
退身避害，志邈浮云。

班婕妤是汉成帝宠幸的后宫妃子，也是著名的西汉女辞赋家。史称她善诗赋，厚美德，因此，她被后代誉为中国历史上最完美的女人。晋朝顾恺之在他所画的《女史箴图》中，描绘了班婕妤与汉成帝同乘驾舆的情景，把班婕妤的端庄娴静作为劝导嫔妃们慎言善行、普天下女子以此为鉴的典范，成了美好妇德的化身。梁代钟嵘的《诗品》中评论说，班婕妤是将百年间，有妇人焉，一人而已。

在中国历史上，能够得到身为封建士大夫的男人青睐，并给予崇高的评价，实在很难得。班婕妤不但有花容月貌，而且颇有才华，写得一手极好的辞赋，才德兼备。因为她出身于一个名将之家，父亲是汉武帝的骁将，立下汗马功劳；

而她也是《汉书》作者班固和才女班昭的姑母。在这样的家族背景之下，她自有一份雍容华贵的气质，和无与伦比的人格魅力。

人生若只如初见，何事西风悲画扇

古代才貌双全的女子并不鲜见，而红颜薄命者也不在少数。班婕妤的过人之处，不在于她的美丽容颜，也不在于她的才华，而是她对生活的超然姿态。她得宠时不争宠，不干预政事，谨守礼教，行事端正；失宠后却又能做到急流勇退，明哲保身，毫无妒意，心如止水。在复杂险恶的宫闱之争中，在历经后宫春花秋月的劫难里，她始终保持一枝独秀，像一朵金黄的菊花，静静地开在深宫别院的污浊里。

班婕妤出身于一个著名的功勋家族，是楚国令尹子文的后代，她的父亲班况曾任越骑校尉，参加过武帝时期对匈奴

的战争，立下了赫赫战功。而后班氏家族出了很多杰出人物，像史学家班彪、班昭、班固以及军事家班超等都是名垂青史的人物。在这样一个书香家族中长大，班婕妤自小就耳濡目染，秀外慧中，文采出众，饱读诗书。

班婕妤在后宫中的贤德也是有口皆碑的。汉朝制度很严格，皇帝乘坐的车子，绫罗为帷幕，锦褥为坐垫，两个人在前面拖着走，称为“辇”，而皇后妃嫔所乘坐的车子，决不能与皇帝相同。

一次，成帝想要去后廷游逛，欲与班婕妤同辇，她推让说：“妾观古时的图画，圣帝贤王，出行都有名臣在侧，没听说与妇女同游，传至三代末主，方有嬖妾。今陛下欲与妾同车，几与三代末主相似，妾不敢奉命！”

成帝听后很高兴，认为班婕妤颇为贤惠。王太后听到班婕妤的话，十分高兴，她极口称赞说：“古有樊姬，今有班婕妤！”樊姬是春秋时楚庄王的夫人，庄王喜狩猎，樊姬担心他疏于政事，便不食禽兽之肉，庄王有感而止。

王太后的赏识，使班婕妤的地位在后宫更加突出。而她的妇德、妇容、妇才、妇工等多方面的修养，很有可能对汉成帝产生更大的影响，使他成为有道的明君。可惜汉成帝没有凭借班婕妤的贤内助，成就一番帝皇霸业，是他本性荒淫无耻，没有造化所致。

汉鸿嘉三年，成帝微服巡行，游至阳阿公主府中。见到一个歌女，长得倾国倾城，无限娇羞，面带一种若即若离的情状，令人不觉怦然心动。就是许后、班、张两婕妤，在她们最妙龄的时代，也难比拟一二。成帝便向公主讨要此女。这个女子就是历史上极为有名的赵飞燕。体轻如燕、能歌善舞的赵飞燕得宠，骄妒恣肆，贵倾后宫。后来赵飞燕又引进妹妹赵合德，两姊妹轮流侍寝，连夕承欢。

随着赵飞燕、赵合德姐妹入宫，与汉成帝过起声色犬马、荒淫无道的生活。班婕妤以及许皇后，都受到冷落，但是两人的结局却大相径庭，何也？许皇后心生妒意，在孤灯寒食的寝宫中设置神坛，诅咒赵氏姐妹。事情败露以后，汉成帝一怒之下，把许皇后废居昭台宫。当赵氏姐妹欲对班婕妤加以陷害，而班婕妤却从容不迫对汉成帝说：妾闻死生有命，富贵在天，修正尚未得福，为邪欲以何望？若使鬼神有知，岂有听信谗言之理；倘若鬼神无知，则谗言又有何益？妾不但不敢为，也不屑为。班婕妤一番肺腑之言，成功打消了汉成帝的疑心，还得到厚加赏赐。

新制齐纨素，皎洁如霜雪

班婕妤是一个有见识、有德操的贤淑女子，面对宠爱，不骄不躁；面对谗构、嫉妒和排挤，随时都有被陷害的可能，她采取急流勇退、明哲保身的策略，自请前往长信宫侍奉王太后，聪明的班婕妤把自己置于王太后的羽翼之下，就再也不怕赵飞燕姐妹的陷害了。汉成帝允其所请，自此，她悄然隐退在长信宫的淡柳晨月之中，视宫廷内的灯红酒绿、歌舞升平为隔世之事。

自此，我们不得不叹服班婕妤的高超智慧及完美人格。相比之下，历代在宫廷阴谋中倒下去的具有文韬武略的男人，不知有多少，即使是那些和皇帝一起打江山的人们，也难以摆脱飞鸟尽、良弓藏；狡兔死、走狗烹的命运。何况作为一个后宫之妃，更是皇家砧板上的肉。而班婕妤失宠后能够保全自身，退而养性，实在是千百年间，一妇人焉。

同时，坎坷的命运，却成就了我国历史上第一个女辞赋家。班婕妤失宠之后，并不是在怨艾中虚度余生，而是创作出了不少辞赋作品，成为千古吟咏的佳作。她的《团扇诗》又称《怨歌行》，利用团扇抒发了她心中的失落怅惘之情。钟嵘《诗品》评此诗说：《团扇》短章，辞旨清捷，怨深文绮，得匹妇之致。当是中肯的评语。其诗曰：

新制齐纨素，皎洁如霜雪。
裁作合欢扇，团圆似明月。
出入君怀袖，动摇微风发；
常恐秋节至，凉飚夺炎热；
弃捐箧笥中，恩情中道绝。

关中昔丧败，兄弟遭杀戮
官高何足论，不得收骨肉

团扇又称绢宫扇、合欢扇，是当时妃嫔仕女的饰品。但由于班婕妤的一首《团扇诗》，团扇几乎成为红颜薄命、佳人失宠的象征，并成为文学典故，被后代所旁征博引。如唐代王建的词：

团扇，团扇，美人病来遮面。玉颜憔悴三年，谁复商量管弦？弦管，弦管，春草昭阳路断。

清代词人纳兰性德的人生若只如初见、何事秋风悲画扇名句，也是因为用了该典故，成为传世之咏。

当汉成帝死于温柔乡，赵飞燕、赵合德化为烟花销尽之后，班婕妤主动担任守护汉成帝陵园的职务，回忆着曾经的出入君怀袖、动摇微风发的往事，谛听着松风天籁，冷清地度过孤单落寞的晚年。对于她来说，这是她完美人生的最后归宿，爱情忠贞的最好体现，而孤单落寞也是一首岁月萧瑟之歌。

班婕妤的人生，虽然并不一帆风顺，命运对于她也不是特别眷顾。但是在我们眼里，她仍然是一个近乎完美的女人，她出色的容貌，横溢的才华，贞静的美德，成为中国历史上无数女人追慕的理想女性的楷模。

阴丽华

仕宦当作执金吾
娶妻当得阴丽华

陶朱与五羖，名播天壤间。
丽华秀玉色，汉女娇朱颜。
清歌遏流云，艳舞有馀闲。
遨游盛宛洛，冠盖随风还。
——唐·李白《南都行》

刘秀评价阴丽华“雅性宽仁”“有母仪之美”“性贤仁，宜母天下”，第五伦评价阴丽华“友爱天至”，史书描述她“性仁孝，多矜慈”。通过其丈夫和朝臣的评价，我们看得出，这是一位生性善良、性格温和、心胸开阔的女性。也许是历经战乱痛苦、亲人离散给了她更多的人生智慧，也许是受刘秀的君子之风的影响，让她得以用从容平静的态度面对数十载的波澜人生。

“仕宦当作执金吾，娶妻当得阴丽华”一语出自《后汉书 · 皇后纪》：光武适新野，闻后美，心悦之。后至长安，见执金吾车骑甚盛，因叹曰：“仕宦当作执金吾，娶妻当得阴丽华。”

刘秀的这番感叹，日后成了千古名言，引发了许多“枭雄”的共鸣。后梁开国皇帝朱温在未发迹时，听闻宋州刺史的女儿张惠貌美，就发出了“丽华之叹”。后两人果结为连理，张惠助朱温灭唐建梁，成就了一番大业，也成为了五代十国的一段佳话。

明末清初的枭雄吴三桂也是其中的一个。吴三桂在其青年时代颇为风流俊雅，对“佳丽”颇为留意，但是一直未有如意者。读史书时，看到“仕宦当作执金吾，娶妻当得阴丽华”这句时，不禁感慨：“余亦遂此愿，足矣！”

管仲之后，天作之合

都说“无情最是帝王家”，可见对帝王之家而言，爱情是一个奢侈的字眼。纵有千门万户，却没有爱情的栖身之所。但，凡事都有例外。东汉开国皇帝刘秀与阴丽华的爱情故事，则是一个帝后珠联璧合的爱情童话。

刘秀与阴丽华的爱情故事始于乱世，正逢西汉末年，王莽篡位，改汉立新，建立新朝。然而好景不长，朝政昏暗，百姓民不聊生，各地义士纷纷揭竿而起，刘秀跟阴丽华就是在这样的乱世当中相识，从而书写了传奇的爱情故事。

阴丽华家世显赫，其家族是曾经辅佐的齐桓公成就了一代霸业的春秋名相管仲之后。到了第七代子孙管修的时候，从齐国迁居楚国，被封为阴大夫，以后便以阴为姓。秦末汉初时，阴氏家族是当时南阳新野的豪门大户，家产可以诸侯相比，但是一直没有什么政治影响力。

刘秀是西汉刘氏宗族之后，汉高祖刘邦的九世之孙。刘秀九岁因父亲去世，被叔父刘良养大，史书形容刘秀生得十分俊秀。刘秀喜欢耕种，和大哥刘伯升好侠交友截然不同，刘伯升取笑刘秀只会种地，把他比做汉高祖的兄长。

王莽天凤年间，刘秀前往长安求学，刘秀的姐夫名叫邓晨，家住南阳新野，和阴氏有亲缘关系。借助这层机缘，刘秀有机会接触到了阴丽华，阴家小姐的美貌给了刘秀留下了深刻的印象，发誓非阴丽华不娶。

更始元年六月，刘秀的兄长刘伯升被更始帝刘玄和拥戴他的绿林军将领所杀，刘秀极为震惊，逐离开大军回到宛城，向更始帝刘玄谢罪。回到宛城后，刘秀不说自己的功劳，也不与刘伯升的部下私下接触，同时也不为大哥服丧，言笑一如往常。同时，刘秀决定立刻娶阴丽华完婚。

刘秀谦卑的态度让更始帝刘玄颇感惭愧，刘玄本来打算把刘秀斩草除根，但鉴于刘秀卑躬屈膝、隐忍不言的特点，让他没有了机会和借口。但他废除了刘秀的一切兵权，同时封了一个有名无实的武信侯的空头衔给刘秀。

更始元年九月，刘秀在与爱妻阴丽华仅仅相处了三个月后，便受更始帝所遣去洛阳。刘秀只得将妻子送回新野娘家。不久，更始帝刘玄遣刘秀行大司马事，北渡黄河，去镇慰河北诸郡。

刘秀没有兵马，只带着一根代表更始政权的节杖，开始在河北各地镇慰。不久，一个叫王郎的人冒称汉成帝之子，在豪强的支持下于邯郸被拥立为天子，并四处寻找通缉刘秀。刘秀一度狼狈逃窜，终于得以在信都立足，以出色的个人能力，迅速拿下河北诸县。刘秀这个时候需要解决的问题，就是面对拥有十几万人，支持王郎的真定王刘扬。为了避免自己在攻打邯郸时，陷入两面受敌的境地，刘秀与刘扬达成协议，娶刘扬外甥女郭圣通为妻，双方形成了政治联盟。经过多场激战，刘秀终于攻克邯郸，消灭了王郎政权。

之后，刘秀继续平定河北的征程，发兵幽州，成功击败并收编了以通马军为主的大量河北农民部队，部队增至数十万。刘秀继续转战平定河北各地，终于形成了“跨州据土、带甲百万”的庞大势力，也有了称帝的雄厚资本。更始三年，刘秀在河北称帝，建年号为建武。

别后重逢，固辞后位

建武元年，郭圣通为刘秀生下了第一个皇子，就是后来的太子刘疆。同年冬十月，刘秀入主洛阳，很快他就派傅俊率兵三百人将阴丽华接到了身边。

阴丽华到来之前，郭圣通并未直接被立皇后，而是封为贵人，刘扬也并没有提出疑义，说明他们早就知道刘秀有一位原配。

阴丽华两年多之前，与刘秀离别，回到新野，之后她随哥哥来到了淯阳邓奉处。乱世消息闭塞，刘秀一去杳无音信，她也早已做好离丧的准备，没想到有一天刘秀竟派兵来接她。别离两载，早已物是人非，昔日的夫君不但已登基称帝，身边还多了一个她不曾相识的女子，而且这个女子还有了他们的骨血，阴丽华当时的心境无从推测，刘秀的心情更是难以言表，二人相对，恐怕难免命运无常的心酸与感慨。

阴丽华到来不久，刘秀便封其为贵人，与郭圣通相同，又封其兄阴识为阴乡侯，使阴丽华的娘家在建武政权的爵位高于郭圣通娘家。

新皇朝已经建立近一年，中宫后位的人选也提上了日程。刘秀以阴丽华“雅性宽仁，有母仪之美”，希望能够立原配阴丽华为后。可阴丽华却坚辞不受，认为自己不够资格承担皇后之位。这也是阴丽华做出的决定了她今后人生轨迹的最重要的选择。

刘秀即位后迟迟不立后，而随阴丽华的到来阴识又受到刘秀的优遇，不知道这件事对刘扬有了怎样的影响，建武二年正月，刘扬拥兵自重，意图谋反，被刘秀所派的耿纯击杀。

按常理，郭圣通的舅舅犯下谋反大罪，多少应当受到些牵连，阴丽华身具原配名分，又被刘秀属意，此时应该占有优势。然而，建武之初四周强敌环伺，内部也有人怀有异心，政权并不稳定。仅仅建武二年一年，刘秀政权便发生了多次反叛事件。这也决定了刘秀此时并不可能像承平帝王那般实行夷三族的残酷手段，仅有刘扬、刘让被杀，不仅没有牵连其他真定族人，还将刘扬之子刘得封为真定王。郭家不过是刘扬的妹夫家族，未参与谋反，按律不当牵连，更何况郭圣通有诞育皇嗣的大功。因此，在这样特殊的形势下，阴丽华所拥有的“优势”不过一句空谈。

此时，真定王室之人也在惶恐不安之中等待着刘秀将如何对待他们。建武二年刘秀争夺天下的资本只有河北，而河北旁有幽州彭宠反叛，内有内黄五校贼作乱，而此时刘秀则面临关中、南阳、淮阳等地多线同时作战的问题。虽然真定宗室此时已经没有什么实力与刘秀对抗，但是他们如果联合彭宠作乱，刘秀则抽调不出足够的兵力平乱，在面临与真定王室族人矛盾激化、河北动荡的状况下，立郭圣通为后，刘

疆为太子，恰恰是可以向真定王室表明皇帝无意牵连刘扬族人的态度，缓和真定王室族人焦虑情绪的最佳选择。

郭圣通作为连接真定王室与刘秀之间的桥梁，在刘秀建国过程中，起到了一定的作用，并且一直伴驾左右。而郭氏家族也并没有参与到刘扬谋反之中，仍然有从龙之功。东汉初年的功臣宿将，除了少数几人在刘秀去河北之前便跟从他，均是刘秀离开洛阳之后，从各地慕名追随而去的，只知皇帝身边有一位身世显赫的郭圣通，而不大清楚原配阴丽华。

最重要的是，郭氏有子，对于拼上全家性命跟着刘秀打天下的群臣来说，继承人才是保障王朝传承，保住胜利果实最重要最有实际价值的东西，他们不太可能因为阴丽华是原配就支持她当皇后。刘秀在有一次在打仗过程中失踪，众将不知刘秀死活，焦虑不安，吴汉情急之下甚至想到了奉刘秀的侄子为主，可见新生的建武政权对继承人的迫切需要。

阴丽华虽占有原配名分，又有刘秀的推崇，但无论从出身、资历、子嗣、对政权的作用和对朝臣的价值等各个方面上来说均无法跟郭圣通相比，在刘秀建国过程中也没有起到任何作用，故立阴丽华为后，实众心难服。且中宫正位，身负管理后宫之责，以阴丽华的资本也很难超越出身高贵且育有子嗣的郭圣通，所以她坚决辞让，始终不肯接受后位。

考虑到国家形势和朝臣们的不安，刘秀最终不再坚持立阴丽华，接受了她的辞让。建武二年四月在苏茂杀淮阳太守依附另一位称帝的宗室刘永之后，刘秀册封宗室，五月封谋反的故真定王刘扬之子刘得为真定王。六月，郭圣通被册封为皇后，其子刘疆被册封为太子。

阴丽华以原配名分让出后位成为刘秀后宫特殊的存在、刘秀得以有嫡子作为正式继承人稳定朝堂、郭圣通得到皇后之位，不得不说，在当时的形势下，不论是从个人还是从国家角度考虑，这个决定是三个人最恰当、最顺理成章的选择。

入住中宫，宽容不争

建武四年五月甲申，阴丽华在元氏县生下长子刘阳。刘阳在刚一出生时，便得到了父亲的特别喜爱，刘秀见这个孩子颜色红润、丰下锐上，认为其像圣君尧，并且以皇朝国运所系的赤色为之命名为刘阳。同时，阴丽华也越来越受宠爱，之后又相继生下刘苍、刘荆、刘衡、刘京四子。

阴丽华身居贵人之位十数载，俸禄不过数十斛，这在国家富足的东汉中后期无疑是较低的待遇，但是在建武年间却是不折不扣的高工资。国家刚刚建立，战乱时期农业生产严重破坏，战争靡费巨大。建武元年，朝臣百官俸禄不过升斗米。建武三年，一斤黄金只能买到五升豆子，在外打仗的士兵没有军粮只能用果实充饥。到了建武六年，国家经济稍微好转，作为仅次于列侯之位的关内侯，月俸不过二十五斛，由此可见其他官员的工资也颇为可怜。建武十三年之前，皇帝皇后没有仪仗，直到打败公孙述才运到洛阳。国家平定之后，各地开始进献珍品美味，但刘秀自己都不吃，而是分给列侯。直到建武二十六年，百官俸禄才增加到正常水平。

阴丽华身为刘秀妃嫔，与刘秀同甘共苦，亲眼见证着这个王朝的建立。

东汉初年，天下兵戈四起，甚至达官显贵的安全也得不到保障。建武六年刘秀赐给隗嚣的财宝竟在运送途中被偷走，由此可见当时治安之混乱。建武九年，毗邻京师洛阳的颍川和河东两郡发生变乱，叛军和盗贼四起。此时阴家因为富比王侯而成为了盗贼眼中的目标。阴丽华的母弟被贼人劫持，在官府的捉拿时，被盗贼杀害。

这令刘秀感到甚为悲伤，为了安慰阴丽华，刘秀下诏给大司空说："吾微贱之时，娶于阴氏，因将兵征伐，遂各别离。幸得安全，俱脱虎口。以贵人有母仪之美，宜立为后，而固辞弗敢当，列于媵妾。朕嘉其义让，许封诸弟。未及爵土，而遭患逢祸，母子同命，愍伤于怀。《小雅》曰：将恐将惧，惟予与汝。将安将乐，汝转弃予。风人之戒，可不慎乎？其追爵谥贵人父陆为宣恩哀侯，弟欣为宣义恭侯，以弟就嗣哀侯后。及尸柩在堂，使太中大夫拜授印绶，如在国列侯礼。魂而有灵，嘉其宠荣！"

皇妃家眷遇害，皇帝下诏安抚，也在情理之中，但皇帝的诏书却偏重于强调自己不忘与元配的患难之情。最重要的是，在立郭圣通为后七年之后，刘秀再次旧事重提，诏书很直白的说拥有"母仪之美"的阴丽华才是皇后的最佳人选，而郭皇后能成为皇后，完全是贵人阴丽华“固辞”的结果，也是在暗示，给阴家的一切待遇都是阴丽华理所应当、不容置疑的。

建武十七年，也就是在天下平定四年之后，光武帝决定废皇后郭圣通，立贵人阴丽华为后。刘秀认为郭圣通心怀怨恨，对她性情的评价是：无后妃之德。认为她在自己死后不会善待阴丽华母子；而阴丽华是原配，与自己情深意重，应该侍奉宗庙，居国母之位。因此在国家政局稳定之后，便开始行废立之事。

刘秀废郭圣通后位，立阴丽华为后，阴丽华终于走上了人生的顶峰。但和电视剧以及小说中不同，阴丽华在政治上并没有什么作为，唯一的建树就是为自己的儿子选定了马援之女为后，也就是被尊为中国历史上贤后典范的东汉明德皇后。

阴氏满门显贵，当时有“阴氏五侯”的说法，阴氏成为了东汉初年最有权柄的外戚。阴丽华是一位生性善良、性格温和、心胸开阔的女性。也许是经历了战乱痛苦、亲人离散，给她更多的人生智慧。也许是受了刘秀的君子之风的影响，让她用从容平静的态度，宽容不争的手段，面对数十载的波澜人生。

班昭

有妇谁能似尔贤 文章操行美俱全

有妇谁能似尔贤，文章操行美俱全。
一编汉史何须续，女戒人间自可传。
——宋·徐钧《曹世叔妻班昭》

提到史学家，大家耳熟能详的有历史上的第一个史学家，左丘明；受到宫刑，忍辱负重的司马迁；参加过戊戌变法，又是近代文学革命运动的理论倡导者的梁启超。那么，历史上首位女史学家是谁呢？她就是班昭，名姬，字惠班，扶风平陵人，出生于官僚豪族，书香门第，天资聪慧，博学高才，品德兼优，从小就受到父亲与哥哥的影响，熟读儒家经典，之后又掌握了丰富的天文地理知识等，是唯一一位参与史书著述的女性。

李清照婉约灵动，才思敏捷，甚至敢于评说“苏轼词不是当行本色”，即便在宋代这个词人辈出的时代，也是一流词作家。

三国蔡文姬，是大儒蔡邕的爱女，身世传奇，流离三嫁，父亲藏书毁于战火，文姬在魏武面前，默写出其中的四百篇文章。在丈夫董祀出事之后，散发赤脚，在曹公面前，陈情自述，请求与丈夫归隐，以求善终。

然而两位奇女子，在另一位东汉才女面前，可能略逊一筹，她就是班昭。

班昭，嫁曹氏，皇帝御封“曹大家”，这里的家音姑，故而通俗写为，大姑，所以，后世又称为“班姑”。《红楼梦》第一回中，“无班姑，蔡女之德能”，班姑蔡女即东汉这两位才女。那么班姑何德何能，使得对她评价如此之高呢？

倾倒班昭续史才，十年别梦绕苏台

班昭，又名姬，字惠班，扶风安陵（今陕西咸阳东北）人，东汉史学家、文学家，是史学家班彪之女，班固和班超的妹妹。

生于如此家学深厚的书香门第，从小受到父兄的影响，班昭自然博学多才，知书达礼。

十四岁时，班昭嫁给同郡人曹世叔为妻，她的丈夫，亦是她的师兄，为汉桓帝时的史官，夫妻二人情投意合，十分恩爱。

婚后，班昭侍奉公婆，照顾丈夫，日夜操劳，不辞辛苦。

也许，美好的姻缘总是让人嫉妒，生儿育女，操持家务，虽然疲倦，但是，看到一家人生活和睦，身为贤妻良母的班昭，觉得这一切都是值得的。

可惜，即便不舍，丈夫还是先她而去了。有别于一般女子的如遭五雷轰顶，班昭尽管伤心难过，但她更懂得坦然接受生活给予的不幸，在艰难的生活中抓紧应该珍惜的东西，与其寻死觅活，不如让自己的人生，活得更有意义。

班彪生前，收集整理西汉遗事，打算创作一部符合儒家思想的史书，讲述汉朝自高祖刘邦到王莽篡权的完整历史。

公元 54 年，班彪去世后，留下了《后传》65 篇，以及大量的史料。

早慧的班固，自幼受到父亲的教导，从此继承父亲的遗志，发挥自己史学特长，立志创作一部汉朝断代史，《汉书》。

写史书这种浩繁复杂的工作，需要有人帮忙整理、筛选和核实资料，仅凭班固一人之力，是难以完成的。

这时恪守妇道，不肯再嫁的妹妹，班昭，就成为了他的最佳助手，同时，也是身为兄长的班固，不忍看见妹妹一直饱受丧夫之痛，希望以此带她走出过往的泥淖。

班固为人敦厚谦和，对这个唯一的妹妹更是爱护有加，班昭也很善解人意，知晓父亲和哥哥修史书的初衷。

所以，兄妹二人配合默契，全神贯注地投入到了《汉书》的纂写工作中。

公元 92 年，窦宪因外戚专政，被汉和帝夺了兵权，一夜之间，窦氏家族的党羽悉数被查。班固由于曾被窦宪赏识，与他关系密切，因此受到牵连，被罢了官。

有些阴险小人借此机会，落井下石，趁机诬陷，班固蒙冤下狱，最终，被鞭笞而死，享年 61 岁。

此时已近天命之年的班昭，阅尽历史兴衰，看遍人间百态，早就变得从容淡定，宠辱不惊。

长兄作为她史学上的领路人，生活中的精神支柱，遭此劫难，固然令她心痛，但她也意识到，只有继承父兄遗志，将《汉书》这部煌煌巨著，尽早完成，才能够令他们含笑九泉。

当时，满朝上下无一人能接替班固，续写《汉书》，因其卷帙浩繁，诘屈聱牙，阅读难度远大过《史记》，甚至有些鸿学大儒都难以读懂。

后来，汉和帝听说班昭知识渊博，而且一直参与该书的编纂，就下诏让她到东观藏书阁，皇家藏书之所在，续写此书，并由当时的鸿儒马续协助。

于是，班昭就在这里，经年累月，孜孜不倦，不敢有丝毫懈怠，整日阅读史料，整理父兄遗作，进行详细的核对和修订，并补写了“八表”及“天文志”。

整部《汉书》中，最困难的是第七表《百官公卿表》和《天文志》，而这两部分都是由班昭独立完成的，但她却还是署为班固之名，或许是谦逊低调，也有可能是为了纪念兄长。

不管怎样，班家两代人，为之奋斗近四十年的这部巨著，终于在班昭的手中完成了。女子修史，前无古人，后无来者，在二十四史的正史中，更是绝无仅有。

尤为可贵的是，《汉书》虽出自班彪、班固、班昭和马续四人之手，读来却“先后媲美，如出一手”，原文与续写部分十分和谐，为读者带来了极大的阅读舒适感。

因此，一经发行，便获得了高度评价，学者们争相传诵，赞不绝口。后世的史学家们也称赞它“言赅事备”,“文赡事详”,足可与《史记》齐名。

东观续史，赋颂并娴

在班昭的才华学识与创作热情达到顶峰的这一时期，写下的最感人至深的文字，是给汉和帝的一道奏疏，后人题作《为兄超求代疏》。

班超被封为定远侯，拜西域都护，从公元 73 年首次出使西域起，先后快要 30 年了。此时的他，已然须发尽白，接

近古稀之年，漂泊异乡几十载，只想叶落归根，早日重回故土。

公元100年，安恩国的使者到洛阳进贡，班超派儿子随行，并送上奏章“臣不奢望到酒泉郡，但愿生入玉门关。谨遣子勇，随安西献物入塞，及臣生在，令其目见故土。”

言辞真挚诚恳，又透露着期盼与哀伤，但皇帝却对此置之不理。

转眼3年时间过去了，班超几次上书，依旧没有任何回音。在给小妹班昭的家信里，提及此事，班超感慨良多，恐怕自己将要客死他乡，既忧虑又无奈。

兄妹手足情深，班昭读此西域家书，泪流满面，立即提笔成文，给皇帝上了一道疏：

“班超刚出塞时，就立志捐躯为国，时逢陈睦被害，班超以一己之力，辗转异域，幸亏有陛下的福德庇佑，得以全活，至今已有三十年了。

当初跟随他一起出塞的人，都已作古。班超年满七十，衰弱多病，即使想竭尽报国，已力不从心。如有突发事件，势必损害国家累世的功业。

我听说古人十五从军，六十还乡，中间还有休息、不服役的时候，因此，我冒死请求陛下让班超归国。

班超在壮年时候，竭尽忠孝于沙漠之中，衰老的时候，则被遗弃而死于荒凉空旷的原野，这真够悲伤可怜啊！如果班超命丧异域，边境有变，希望班超一家能免于牵连之罪。”

她呈的奏疏，因非常精彩，被整篇保存在《后汉书班梁列传》之中。其中最精彩的不是她对兄长的感情，而是她在其中表现出来的卓越见识。在奏疏之中非常详细的分析了西域的形势，陈述了班超所进行的艰苦卓越的斗争。晓之以理动之以情，客观看待事情的本质，让皇帝明白，这么复杂的形势，必须要有得力的人前去处理，而班超已经年老体衰，实在不能承担这么重大的责任，应该派年轻力壮的人前往坐镇。

汉和帝看罢此文，沉默良久，甚为感动，就将班超召回了故乡。

一封奏章，可以看出班昭不仅仅拥有才华，她对形势把握非常准确，有着一个出色政治家的优秀品质。

一编汉史何须续，女戒人间自可传

因为班昭的才学，汉和帝曾数次召她进宫，令皇后和众妃嫔以老师之礼待之，尊称其为曹大家，由她来教授后宫女子天文、历史、义理等方面的知识。

自此，“曹大家”这个称号，名扬天下，为后世所传颂。

公元 105 年，汉和帝刘肇驾崩，皇后邓绥扶立刚满百日的婴儿刘隆即位，为汉殇帝。一年后，殇帝夭折，邓绥又立不足 13 岁的刘祜为安帝。

这位历史上鼎鼎有名的邓太后，连续辅佐三代皇帝，垂帘听政长达 18 年之久。

云窗雾阁岂无情，终欠娇娆太粗武
黄堂张燕灯烛光，两耳喧喧厌歌鼓

邓绥也是当年受教于班昭的后宫佳丽之一，即使贵为掌权太后，仍尊班昭为师，无论国事家事，总是征询她的意见。

班昭始终伴随左右，端正立场，尽心辅佐，为当时政治的清明、社会的安定做出了一定的贡献。

永初年间，太后的哥哥大将军邓骘，以母丧为由，上书朝廷，请求退职。实际上是激流勇退，不想给人留下外戚专权的把柄，免得日后落得和窦宪一样的下场。

邓太后虽然是一位很有作为的女政治家，但是执政日久，难免贪恋权力，不愿自己的家族势力，就此被削弱，但又忧虑日后风波不断，左右为难，犹豫不决，遂征求班昭的意见。

班昭上疏说：“谦让之风，古来有之，乃德莫大者，连《论语》也主张以礼让为国。大将军今日为忠孝而引身自退，是正当其时。如若不允，日后哪怕是一点纤微之过，也会使今日这退让之名不可得了。”

邓太后闻听此言，豁然开朗，随即应允了邓骘的请求。

班昭晚年，身患疾病，又值家中女子到了婚嫁的年龄，担心她们不懂礼数，令未来的夫家颜面受损，有违祖制，就利用闲暇时间，作《女诫》七章，用于劝诫引导。

对于此书，众说纷纭，褒贬不一，放在现今社会，势必被女权主义者所不容，但是，就当时的封建社会而言，还是有一定的教育意义的。

在倡导男尊女卑的古代社会里，女人理应学会温柔似水，以柔克刚，于无形之中包容万物，降服万物。

女人谦逊的姿态里，包含的是坚韧的力量，明哲保身的智慧，而应不是卑贱的心态，逆来顺受的观念。

作为女子，班昭的学识超过一般男子。当没有人能接续《汉书》的时候，她毫不推辞，当一群男子危坐的时候，她慨然授课，不见忸怩。她还提倡受教育权男女平等，让邓太后将宗族子女五岁以上集合起来一起学习儒家经典。这样的女子，让人从心底认可、敬仰！

历史的长河奔腾向前，永远也不会止息。班昭这颗明珠，将永远镶嵌在历史长河的堤岸上，熠熠闪光。

人言葛氏善舞剑，曾向梨园奉尊俎
短衣结束当筵呈，壮士增雄懦夫沮

郎平

坊间争赞铁榔头 排球情结写春秋

坊间争赞铁榔头，排球情节写春秋。
三连登顶加冠冕，一腔热血报国忧。
——佚名《咏郎平》

在中国体育史上，几乎从来没有一个人能连续38年受万众膜拜。只有郎平做到了。球员时代的五连冠带领中国走上世界之巅；执教以后多次率领中国女排多次站上世界之巅……这38年来，中国女排的所有荣誉，几乎都和这个女人息息相关。“女排精神不是赢得冠军，而是有时候知道不会赢，也竭尽全力。是你一路虽走得摇摇晃晃，但站起来抖抖身上的尘土，依旧眼中坚定。”这是郎平对“女排精神”的注解。

我们热爱郎平，其实也更多是对她所代表的女排精神发自心底的认同，经历38年，这股精神被几代女排姑娘传承，又重新定义。

那么对于我们每个人，对于几代人，女排精神究竟是什么？为什么我们对中国女排的爱能超越了年龄，无论是耄耋老人、年近半百，还是80后、90后、00后。

对于60后、70后和年龄再大一些的观众来说，女排是他们那个时代的印记。

改革开放初期，国人猛然意识到了我们与世界的差距，我们急需向世界证明：中国人，行！当人群聚集在天安门广场高呼“祖国万岁！女排万岁！”对于一个跨越了浩劫年代的泱泱大国，这一刻承载的意义恐怕早已跨越了体育本身。

对于很多70末、80后，女排是脑海里长辈们一直念叨着的“五连冠”和“铁榔头”，是著名解说宋世雄嘴里反复播报着的“中央电视台、中央电视台”。

而对于很多90后、95后和00后来说，在网络上，郎平和女排姑娘们灿烂的笑容总是能给他们带来正能量。对于他们，女排不仅仅是爷爷奶奶甚至父母口中的英雄团队，这些年龄相仿的姑娘更是一个个可爱的个体，他们的同龄人。

群芳之冠来时路

郎平出生时，正是寒冻大地的冬日。由于自然灾害等诸多因素的影响，“大家”与“小家”的经济条件都很差。襁褓时期的郎平，身体虚弱，母亲常用小米粥来补充她的营养需求，没有给过她特别的优待。对于这段生活，她的母亲坦然地认为：“那时的生活就是那样，没什么值得奇怪的。”母亲这种以平和的心态对待艰苦生活的思想，对郎平日后的成长影响颇深。

7 岁那年，郎平迈进了小学的门坎儿。在北京市朝阳区东光路小学，开始了她少年时代的读书生涯。郎平的性格，既有生长在北方的父亲那种豪爽和奔放，又有来自南方的母亲那种恬静和细腻。这种优良性格使她“动”起来像个男孩子一样勇敢顽强，“静”下来又能比一般女孩子更为文静。

有一回，几个男孩子要和她比赛上树，看谁爬得高。别的女孩子听了都咋舌，可她却不服气地抬头看了看树的高度，然后毫不犹豫地硬是爬上去了，令伙伴们佩服不已。郎平的父亲是个体育迷，一有机会，他就带着女儿到住家附近的北京工人体育馆去看比赛。父亲对体育的酷爱，影响着郎平。在郎平少年时代的记忆里，排球给她留下了美好的印象。随着岁月的改变，郎平的个头儿越长越高了。站在同龄人当中，她犹如“鹤立鸡群”，非常突出。

1973 年 4 月里的一个周末，这是郎平值得记忆的一个日子。北京工人体育场业余体校排球班的老师来学校挑选队员了。已升入小学六年级的郎平，因身高而被选中去参加测试，这消息使她的心头掠过一阵喜悦。星期天，风和日丽。郎平和几个同学结伴来到了体校，这里聚集了许多前来测试的学生。实测内容有弹跳摸球、速跑等项目。

郎平真希望自己能够测试合格，这对她来说将是一件多么快活的事情啊！经过严格的测试和选拔，身高 1.69 米的郎平果然榜上有名，从此排球闯进了她的生活，与她结下了不解之缘。排球班的训练从 6 月份开始，一直练到了骄阳似火的 8 月份。

起初，训练的内容还让人感到比较轻松，可后来，难度随之加大起来。在与排球最初接触的日子里，郎平经受了体质与意志的考验。一些队员产生了畏难情绪，甚至败下阵来。特别是当初与郎平一块参加训练的同班同学小陈，也已偃旗息鼓不练了。她对郎平说："虽说咱俩在学校里都酷爱体育，可这么大运动量的训练，我可从没经历过。我父母可不愿意让我受这份罪，每天累得什么似的，他们可心疼了。"

在以后的时间里，郎平都是独自一人去体校。枯燥、乏味、艰苦的训练，也曾使她产生过动摇，可每当此时，父母就叮嘱她："平平，吃点苦算什么，你既然喜欢打排球，就不能半途而废。"郎平始终不忘父母的鼓励，顽强地坚持下来了，并且凭着自身良好的条件和素质，凭着突飞猛进的球技，从短训班到了长训班，成了北京工人体育场业余体校排球班的一名正式队员。

1974 年初，刚刚从北京东光路小学毕业的郎平，伴着纷纷扬扬的雪花，来到了北京朝阳中学（现北京陈经纶中学）。

学校里有体操队、田径队、游泳队、足球队、篮球队、排球队、乒乓球队等多种运动队。郎平仍然对排球情有独钟，她参加了排球队，参加训练时肯于摔打拼杀，弄得一身泥土也不在乎。她比一般女孩子能吃苦，没有一点娇气。有时练接球练得两臂红肿的，但她仍能咬牙坚持。

无论怎样练，她都从无怨言。郎平脚上的鞋几乎是一个月穿破一双。同学们常开玩笑说："郎平，你的球鞋又露脚趾头了。"她从不介意，就连时常穿姐姐淘汰下的衣服，她也觉得无所谓。她不在乎别人怎样评论自己的衣着，只在乎能不能打好球。在这一年的秋季，郎平被选进了北京市第二体育运动学校，成了排球培训班的专业队员。北京市第二体育运动学校是专门为高一级体育专业队培养和输送人才的学校。

在二体校，郎平出色地完成了基础训练的重要课程。在身体恢复正常、技术日趋娴熟的同时，她的性格也更加开朗，意志也更加坚强，思想也更加成熟了。处在豆蔻年华时期的郎平，凭着自己始终不渝的韧劲儿，经过顽强的努力，终于成了群芳之冠，以最佳的人选进入了她日思夜想的北京队。从此，她向着顶峰开始了新的攀登。

1978 年，郎平参加全国排球甲级队联赛，崭露头角，被袁伟民教练看中，进了国家队。经过刻苦磨练，她成为"世界三大扣球手之一"。出色的高位拦网和落地开花的扣杀技术，让世人为之惊讶。

一腔热血报国忧

以郎平为核心的中国女排，在1981年世界杯上勇夺冠军，拿到三大球项目的第一个世界冠军。当时的中国女排，成为了民族英雄，收获无数的赞誉，而作为绝对核心的郎平，被球迷亲切地称为“铁榔头”，她奋起扣球的飒爽英姿，甚至被印在邮票之上，成为家喻户晓的大人物。

郎平的运动生涯，是中国女排走向辉煌过程的真实写照，1981年世界杯、1982年世锦赛、1984年奥运会、1985年世界杯，作为队员，郎平是队伍四连冠的主要队员，而1986年则以助理教练的身份卫冕世锦赛，全场参与五连冠。在那个年代，中国女排就是人民的精神图腾，而郎平更是女排精神的最佳代言人。

退役后，郎平本可以舒舒服服直接进入教体局出任要职，但她却没有选择安逸，而是在1987年选择离开北京去美国留学。

1989年，郎平被意大利摩迪那俱乐部聘用其当主教练。在意大利时，郎平的身体状况不是很好，膝关节伤势严重，骨膜出水，膝盖里都是积液，但她还是坚持了下来。

一年后郎平在美国得到了工作签证，开始在美国、意大利、日本、土耳其等地辗转做排球教练，挣钱谋生过上了不错的日子，也当了妈妈生了女儿，生活进入了新的节点。

但是在人生和事业正处于上升期时，郎平却毅然选择了回国。

在1990年本土世锦赛获得亚军后，中国女排开始一蹶不振，1992年奥运会跌至第七，1994年世锦赛仅排在第八，陷入五连冠后的历史谷底。

此时的中国女排，青黄不接群龙无首，郎平的恩师袁伟民想起了她，力邀这位昔日爱徒回国，只说了句：中国现在真的很需要你。

为了这句话，郎平就舍弃了丈夫和年幼的孩子，放弃一年几十万美金的收入，接受月薪300元人民币的条件，第一次成为中国女排的主教练。

“我做出了很大的牺牲，承担了风险，就算我不能成功，也希望能够铺平一些道路，为今后队伍的成功做一点事情。”郎平不是为了自己的功绩和名声，而是实实在在地为中国女排考虑。

1995年，郎平一出山，就把中国女排带到世界杯季军的位置，1996年亚特兰大奥运会，对于郎平而言，首次以主教练身份参加综合性运动会，她感受到了巨大的压力，过度的劳累和紧张，甚至让她晕倒在奥运村的食堂。

郎平的付出和努力，让队员们倍受鼓舞，中国半决赛 3-1 力克俄罗斯，决赛面对处在巅峰期的古巴，打出了当时的最高水平，虽然 1-3 惜败，依然得到各方的尊重。

1998 年世锦赛，赛前赛中的种种状况一度让郎平心力交瘁，队伍开局不顺连续输球，看起来与四强渐行渐远。形势危急之际，郎平并没有垂头丧气，将输球责任大包大揽，鼓励队员打好后面的比赛，抓住机会实现逆袭，最终再获亚军。赛后主帅郎平搂着张蓉芳痛哭，压抑多日的情绪才得到释放。

在中国女排 90 年代中期的最低潮阶段，郎平带领队伍三次参加三大赛，两获亚军一获季军，在八连冠的巅峰古巴队的统治下，这几乎是其余队伍能取得的最好成绩。

不过 1999 年，郎平因身体等各方面原因坚决辞职，她知道那时的中国女排已经很难突破到新的阶段，自己也需要全面考虑未来。

2005 年，郎平为了能有更多的时间与女儿相处，弥补缺失的亲情，她接受了美国排协的橄榄枝，在 2005 ～ 2008 年执教美国期女排。

尽管文化和体制于中国完全不同，但她的努力和能力也赢得了广泛认可，通过挖掘队员潜力，合理进行阵容组合，帮助美国队实现了成绩上的连年提升，2017 年世界杯摘铜，2008 年奥运会夺银，美国队在郎平的手中重回世界一流强队

空山新雨后，天气晚来秋
明月松间照，清泉石上流

之列。

但是，作为美国队的主教练，郎平很难避免与中国队隔网相对，北京奥运周期女子排坛的一个热词，就是“和平大战”，尤其是北京奥运会，作为一个中国人带领美国队击败中国队，郎平遭到了不少人的指责。

甚至连棋圣聂卫平都站出来骂郎平是叛徒，认为郎平带着美国队赢中国队，是不爱国的表现。但是，郎平不会回应，她将一生贡献给排球，一直在诠释和表达着“爱国”这两个字，在国家面前，她自己吃的苦都不算什么。

2012 年，中国女排在伦敦奥运会遭遇滑铁卢，只获得第五，2013 年新任的排管中心领导再次找上了郎平，承诺对于新一代的中国女排，郎平拥有选人用人的绝对话语权，搭建复合型教练团队，甚至打造大国家队模式，乃至改变国内职业联赛规则等等。

与 1999 年在旧体制框架下被制约时的情况已经完全不同，为了让郎平可以推出一整套自己的新思路新做法，排管中心给予她和团队各方面的支持，郎平也给予了中国排球界最大程度的回报。

自此六年来，中国女排五次打三大赛，从未下过领奖台，拿到三次冠军一次亚军一次季军的荣誉，没有郎平，很难想象中国女排会如此之快的复苏。

2015 年，郎平率领中国队征战世界杯，赛前队长惠若琪就因心脏病无缘出战，循环赛第三轮又被美国 3-0 横扫，争夺直通奥运门票的形势堪忧。

但是有郎平在，她的运筹帷幄和积极动员，让姑娘们鼓起勇气，并把握住机会逆袭登顶，时隔 12 年拿到队史的世界杯第四冠。

夺冠后，郎平面对镜头流下了眼泪，“不断地打击一个接着一个来，袁指导告诉我，作为强者要面对各种困难。”

是的，不管有多难，郎平还是迎难而上，没有被困难击倒也没有放弃，带领全队克服重重困难，登上冠军领奖台。

2016 年里约奥运会，郎平时隔 20 年再度率队站上奥运赛场，遇到了比 1996 年执教时更大的挑战。

小组赛，中国队就输掉三场球，最终仅以小组第四的身份晋级，被迫在 1/4 决赛遭遇东道主巴西。面对残酷的淘汰赛阶段，中国女排迸发出惊人的能力，郎平调兵遣将的深厚功力更是令人叹服。

连胜巴西、荷兰和塞尔维亚，成功登顶夺下队史奥运第三金。夺冠后，郎平与队员们紧紧拥抱，在与赖亚文拥抱时，她再次流下了泪水。

里约奥运会后，郎平对自己的髋关节动了手术，2017 年一整年对队伍的一线管理和训练都没有办法投入过多的精力。

彼时的郎平，已经功成名就，大可以功成身退。或者接受意大利排协送上的长达 500 万的年薪和每年三个月的休假，或者像姚明一样接受排协主席的职位走上仕途，但她还是选择了继续留下来，担当一线教练工作，并表示如果继续干就只会带中国女排，这份坚持令人动容。

2018 年，身体刚痊愈的郎平率领中国队出征世锦赛，虽然未能完成三大赛三连冠，留下一些遗憾，但也为 2019 年的爆发打下了不错的基础。

2019 年，郎平用世界联赛等比赛来锻炼队伍，磨合阵容，全力以赴拿下东京奥运会参赛资格，进而将全队竞技状态调整到最佳，力争卫冕世界杯冠军。

为了达到最终的目标，郎平的选择性用兵曾经被质疑，尤其是主场进行的总决赛派二队参赛，引发了争议。但从世界杯的结果来看，郎平的每一步战略部署都极为到位，顶住压力锻炼新人，暗处观察对手制定战术，到世界杯以 11 连胜的战绩成功卫冕。不管外界如何评价，无论对手如何用兵，郎平一直按照自己的思路进行下去，最终收获了丰硕的果实。

无论是当运动员还是后来执教，郎平所取得的成就都令人赞叹，爱国一直是她秉承的原则，她一直深爱着中国女排，为了队伍几乎付出了一切。

“只要代表中国女排出战，不管我们是什么阵容，无论对手是什么阵容，必须要全力争胜。”

郎平一直以此为准则，在中国女排不断取得荣誉的背后，郎平承受着巨大的压力，毕竟这是一直承载了国人无数期待的队伍，或许只有在夺冠后的那一瞬间，郎平才能释放一下情绪。

郎平的存在，就是女排顽强拼搏精神的真实写照，什么是女排精神，郎平的话语点出了重要内涵：明知不可为而为之，不畏强敌，不轻言放弃。

剑指东京奥运会，中国女排充满信心，而郎平就是中国女排的底气所在。

刘洋

神女应无恙 当惊世界殊

才饮长沙水，又食武昌鱼。
万里长江横渡，极目楚天舒。
不管风吹浪打，胜似闲庭信步，今日得宽馀。
子在川上曰：逝者如斯夫！
风樯动，龟蛇静，起宏图。
一桥飞架南北，天堑变通途。
更立西江石壁，截断巫山云雨，高峡出平湖。
神女应无恙，当惊世界殊。

——毛泽东《水调歌头·游泳》

“神女应无恙，当惊世界殊。”随着神九的成功发射，刘洋终于将中国女性的微笑带入了太空。出征前的发布会上，她曾说：“我能够有机会代表中国亿万女性出征太空，为此我感到无上光荣……以前当飞行员时，我是在天空飞行，现在当上了航天员，我将在太空飞行，这将是一次更高、更远的飞行。”现在，她已圆梦。

迄今为止，世界上已经有7个国家共50余名女航天员进行过太空飞行，相比于男性，女航天员上天要克服更多的困难，但也有自己独特的优势和意义。

女航天员参加载人航天飞行任务，可以带动女航天员相关飞行产品的研制和女航天员地面训练等方面的技术发展，积累女性在生理、心理及航天医学方面的飞行数据，还可以进一步扩大载人航天工程的社会影响，展示中国女性的良好形象。刘洋搭乘的神舟九号，和景海鹏一起上天对中国乃至世界的航天事业来说都是一个重大贡献。

养兵千日，用兵一时，2012年中国神舟九号开始发射，飞行乘组由景海鹏和刘洋组成。女航天员刘洋的出现也是中国航天史上第一次有女航天员的身影。刘洋出色地完成了这次任务，给国家交上了一份满意的答卷。

横下一条心，拼搏干一场

1997年，郑州十一中里，高考的氛围浓重。在老师和同学们眼里，刘洋是心无旁骛地备战高考的，她成绩一直很优秀，是重点大学的“好苗子”。

这时，空军第一次到郑州市招收女飞行员，而这成了改变刘洋命运的拐点。

刘洋成绩好，视力好，身高也符合标准。班主任武秋月认为，能当飞行员是件大好事，也没跟刘洋商量，就替她报了名。

一系列的体检、政审，一路过关斩将，最后刘洋成为全市首个也是当时唯一一个被录取的女飞行员。

1997 年 8 月 21 日，刘洋怀着新的梦想跨入空军长春飞行学院的大门。

我国第七批女飞行员中，80% 都是独生女。但刘洋从来不娇气，4 年的航校学习，从来不让父母去看她。从飞行学院毕业时，刘洋的训练成绩是全优，也是当时为数不多的优秀学员之一。

后来，她把这段经历写成了一首诗《寻找生命中的玫园》：

只要坚持到最后，推开窗
就会发现你的玫瑰正在盛开
作为女飞行员，祖国的蓝天，就是我心中神圣的玫园

在参加飞行学院组织的英语演讲比赛中，刘洋以这首诗获得了二等奖。

2001 年 6 月，刘洋被分配到有“女飞行员摇篮”之称的广空航空兵某师，成为应急机动作战部队的一名飞行员。

2009 年，中国第二批航天员选拔开始，刘洋报名参选。

女航天员的选拔条件与男航天员相似：有坚定的意志、献身精神和良好的相容性，空军飞行员，飞行成绩优良，无等级事故，最近 3 年体检均为甲类。此外，还要求五官端正，语言清晰，无药瘾、酒瘾、烟瘾，不偏食，易入睡，等等。

出于对心理成熟度的考虑，选拔标准还包括“已婚”。考虑到女航天员在未来几年的训练期间都无法要小孩，杨利伟还建议补充了一条：生育过的优先。

然而，进入最后一轮选拔的 6 名女航天员候选人中，包括刘洋在内有 5 人尚未生育。杨利伟说，这一“巧合”体现了军人的奉献——三十多岁正是飞行员技能走向成熟的黄金时期，如果生小孩，至少会停飞两三年，必然影响飞行事业。

刘洋的娴熟技能、开朗个性，给考官们留下了深刻印象。经过层层选拔，她和另一位女飞行员于 2010 年 5 月成为中国首批女航天员。

“航天员跟之前想象的不是很一样。”2010 年，正式开始接受航天员训练的刘洋，尽管已经有了 11 年的飞行经验，也还是需要经历从不适应到适应的过程。

“我们转椅有一个循序渐进的过程，5 分钟好像是我的一个极限点，当他报 4 分钟过去之后，突然间浑身就开始冒汗，心里就像晕车那种说不出来的恶心感觉，但是你不能吐，如果第一次吐的话，第二次见了它就会条件反射，身体就会有了记忆，就很难克服，我就拼命转移自己的注意力，然后幻想自己在美丽的海边，幻想一切美好的东西，然后把自己的注意力转移出去。”回忆训练过程，刘洋依然是美丽的笑容，只是更多了一份坚定的表情。

一切为载人，再创新辉煌

2012 年 6 月 18 日，无垠宇宙，地球大气层外，天宫一号等待着。

两天前的傍晚，也就是 2012 年 6 月 16 日 18 时 37 分，神舟九号飞船在酒泉卫星发射中心发射升空。

天宫一号等待的就是与神舟九号相会的这一刻。

而此时，刘洋正坐在“神九”的座舱中，她的视线，能够看见蔚蓝的地球。

天宫一号与神舟九号的手控交会对接，是“神九”航天员乘务组这次飞天的最重要任务，也是我国第一次进行手控交会对接试验。在执行手控交会对接时进行监视、支持，是刘洋的主要任务。手控交会对接因其需要航天员精准、细致的操作，被喻为“太空穿针”。目不转睛、聚精会神、纹丝不动……用再多的形容词来描述当时“神九”航天员乘务组的身心状态，都不为过。坐在“神九”操控员刘旺左手边的刘洋，正是如此。

与天宫一号的距离越来越近，画面中的十字交点小幅摇摆，对准、连接，严丝合缝！

“手控交会对接正常完成！”这气壮山河的一句话经过无线电波传遍全国，传到太空的那一端，“太空玫瑰”也绽放出最灿烂的笑容。这笑容留在了宇宙，也成为定格在人们心中永远的画面。

返回地球后，回想13天的太空工作、生活，回想完成任务时的心情，刘洋感慨道：“吃喝拉撒在太空上都是一项技术活儿，跟大家的想象完全不同。但是完成工作之后我非常激动，因为这是我国载人航空技术的一次突破，这使我国的航天事业又向前迈进了一大步。”

“大家看到的我们执行任务的短短13天，只是我们事业生涯中太微不足道的几天，我们大部分的时间都在重复着同样枯燥严格的学习和训练。我是2010年5月加入的航天员大队，在两年多的时间里，我没有踏出航天城大门一步，不仅仅是我，我们的成员都是这样做的，完全牺牲了自己的个人时间。但是坚持一个梦想，为了祖国去执行任务，非常幸福，也非常值得。”在接受采访时，刘洋激动地说着。

一代代航天人共同奋斗，构建中国飞天梦想的花园。在这万紫千红的花园中，刘洋是炫目的那朵太空玫瑰，在追寻梦想的路上，她绽放出最耀眼的美丽。

屠呦呦

呦呦鹿鸣
食野之蒿

呦呦鹿鸣，食野之蒿。
我有嘉宾，德音孔昭。
视民不恌，君子是则是效。
我有旨酒，嘉宾式燕以敖。
——先秦《小雅·鹿鸣》

八十九年前，屠呦呦的父亲用《诗经》中“呦呦鹿鸣，食野之蒿”给她取名，这种奇妙的联系仿佛是一种预言。许多年后，因为这株叫“青蒿”的小草，她打破了在自然科学领域，中国本土科学家获诺贝尔奖“零”的记录。2015 年 10 月 5 日，瑞典卡罗琳医学院宣布将诺贝尔生理学或医学奖授予屠呦呦以及另外两名科学家，以表彰他们在寄生虫疾病治疗研究方面取得的成就。这是中国医学界迄今为止获得的最高奖项，也是中医药成果获得的最高奖项。

如果不被提醒，人们很难注意到北京市朝阳区金台路上一栋普通的居民楼亮起的灯光。

14 年前，屠呦呦与丈夫把家安在这里。小区里的人，偶尔会碰到她，但几乎没人知道她是谁，也没人在乎她是谁。

直到诺贝尔奖奖杯递到她手中的画面向全世界转播时，人们才知道她的名字以及她所作出的贡献——屠呦呦，中国中医科学院研究员，发现了抗疟药物青蒿素，攻克了一个世界性的健康难题，挽救了数百万人的生命。

“这栋楼出了个诺贝尔奖！”消息迅速传开，街头百姓说。

“屠老师一辈子做科研的奔头儿就是利用科学技术探索中药更好的疗效。”她的学生说。

“是该好好写写她！”她的老领导说。

这之后，荣誉也纷至沓来。

2015 年，国际天文学联合会将在宇宙中遨游的第 31230 号小行星命名为屠呦呦星。

2016 年，屠呦呦获得 2016 年度国家最高科学技术奖。

2018 年，她被授予“改革先锋”称号。她的事迹被写入教科书，成为全国青少年学习的榜样。

2019 年 9 月 17 日，她被授予“共和国勋章”。

但对于人生进入第 89 个年头的屠呦呦来说，她更在意的事情是“在这座科学的高峰上，我还能攀登多久？”

呦呦初鸣

1930年12月30日的黎明时分，居于宁波市开明街508号的屠家，传来了婴儿"呦呦"出世的声音。屠家迎来了继3个儿子后终日所盼的"千金"。

父亲屠濂规随口吟诵出《诗经》中著名的诗句"呦呦鹿鸣，食野之蒿……"于是便给她取名呦呦，以示他对女儿的喜爱、期待之情。

父亲还对仗了一句"蒿草青青，报之春晖。"伴着这四句满满童话的诗，屠呦呦度过了诗意的童年。

1946年，屠呦呦经受了一场灾难的考验——她不幸染上了肺结核，被迫中止了学业。所幸的是，经过两年多的治疗调理，屠呦呦得以好转并继续学业。这段患肺结核的经历，在她看来，正是自己对医药学产生兴趣的起源。"医药的作用很神奇，我当时就想，如果我学会了，不仅可以让自己远离病痛，还可以救治更多人，何乐而不为呢？"

一代药学家的原始起点，就是来自于"治己救人"的朴素愿望。

高中毕业填报志愿时，素来喜欢自己拿主意的屠呦呦，给自己报了北京大学医学院药学系，并顺利考取。升入大四时，各班分科，按照不同方向分为药物检验、药物化学和生药三个专业。当时，药学系的药物化学专业是大家报考的热门，然而，屠呦呦却对冷门专业——生药学感兴趣，她没有随大流，坚定地选择了生药学，并一生付诸实践。多年后，每每有人问及她是否后悔当年的选择时，她总是说这是她最明智的选择，不改初衷。

1955 年，经历 4 年的勤奋学习后，屠呦呦大学毕业，被分配到直属于卫生部的中医研究院中药研究所工作（现中国中医科学院）。

1959 年，参加工作 4 年后，屠呦呦成为卫生部组织的“中医研究院西医离职学习中医班第三期”学员，开始系统地学习中医药知识。

矢志寻蒿

1969 年 1 月 21 日，屠呦呦迎来科研人生的重要转折——全国“523”任务（科研工程，涵盖了疟疾防控的所有领域，以 5 月 23 日开会日期为代号）。

“523”办公室负责人专程来到中医研究院，开诚布公地说：“中药抗疟已做了好多工作，希望你们能参加此项任务。”

“523”的重担交给了当时 39 岁的屠呦呦，自 20 多岁便与屠呦呦共事的中国中医科学院中药所原所长姜廷良说，将重任委以屠呦呦，在于她扎实的中西医知识和被同事公认的科研能力水平。屠呦呦被任命为课题组组长，正式走上抗疟之路。

她先从本草研究入手，开始广泛收集、整理历代医籍，查阅群众献方，请教老中医专家。仅用3个月的时间，她就收集了包括内服、外用，植物、动物、矿物药在内的2000多个方药，在此基础上精选编辑了包含640个方药的《疟疾单秘验方集》，于1969年4月送交“523”办公室。这其中，就包括后来提取青蒿素的青蒿。

很长一段时间，青蒿都不是最受关注的药物，直到有一天，屠呦呦决定：用沸点只有34.6℃的乙醚代替水或酒精来提取青蒿。

这抓住了问题的关键。

课题组从1971年9月起，启用新方案，夜以继日地筛选研究。

又是多少个不眠之夜，终于证实青蒿乙醚提取物效果最好！曙光初现，经历了上百次失败的团队再度振奋起来。

10月4日，一双双眼睛，都紧张地盯着191号青蒿乙醚中性提取物样品抗疟实验的最后结果。

对疟原虫的抑制率达到了100%！

随着检测结果的揭晓，整个实验室都沸腾了。

那是一种黑色、膏状的提取物，离最终的青蒿素晶体尚有一段距离，但确实无疑的是：打开宝藏的钥匙找到了。

要深入临床研究，就必须先制备大量的青蒿乙醚提取物，进行临床前的毒性试验和制备临床观察用药。

“乙醚等有机溶媒对身体有危害，当时设备设施都比较简陋，没有通风系统，更没有实验防护，大家顶多戴个纱布口罩。”姜廷良回忆。

回忆那段攻坚期，屠呦呦丈夫李廷钊很心疼：“那时候，她脑子里只有青蒿，回家满身都是酒精、乙醚等有机溶剂味，还得了中毒性肝炎。”

乙醚中性提取物有了，但在进行临床前试验时，却出现了问题，在个别动物的病理切片中，发现了疑似的毒副作用。经过几次动物试验，疑似问题仍然未能定论。

为了让 191 号青蒿乙醚中性提取物尽快应用于临床试验，综合分析青蒿古代的用法并结合动物实验的结果，屠呦呦向领导提交了志愿试药报告。

屠呦呦的试药志愿获得了课题组同事的响应。1972 年 7 月，屠呦呦等 3 名科研人员一起住进了北京东直门医院，成为首批人体试毒的“小白鼠”。他们在医院严密监控下进行了一周的试药观察，未发现该提取物对人体有明显毒副作用。为了充分验证醚中干提取物的安全性，科研团队又在中药所内补充 5 例增大剂量的人体试服，结果受试者均情况良好。

阶段性胜利，没有让屠呦呦放慢脚步。很快，大家开始进行对青蒿乙醚提取物中有效成分的纯化与分离工作。

1972年4月26日到6月26日，课题组先后得到少量颗粒状、片状或针状结晶。每一次发现分离提取的成果变化，实验室都会爆发出欢呼和掌声。

为了早日得到抗疟有效的单体结晶，每个人都在努力寻找，竭尽所能。

1972年9月25日、9月29、10月25日、10月30日、11月8日课题组相继分离得到多个结晶。后来，11月8日成为课题组认定的青蒿素诞生之日。

1977年，青蒿素结构首次公开发表。

1981年10月，在北京召开的国际会议上，屠呦呦所作的题为《青蒿素的化学研究》的报告，引起世界卫生组织专家的极大兴趣，并认为“这一新的发现更重要的意义是在于将为进一步设计合成新药指出方向”。

屠呦呦认定双氢青蒿素极具进一步研发价值，于是力排异议，在1985年开始了抗疟新药——双氢青蒿素及其片剂的开发研究工作。历经7年艰辛，终于将发现于1973年的双氢青蒿素，在1992年获得《新药证书》，并转让投产。这是屠呦呦对中国乃至世界做出的又一重要贡献。

根据世卫组织的统计，全球有20多亿人生活在疟疾高发地区——非洲、东南亚、南亚和南美。自2000年起，撒哈拉以南非洲地区约2.4亿人受益于青蒿素联合疗法，约

150 万人因疗法避免了疟疾导致的死亡。

2011 年，作为“医学界的诺贝尔奖”的拉斯克奖花落屠呦呦，获奖理由是”因为发现青蒿素——一种用于治疗疟疾的药物，挽救了全球特别是发展中国家的数百万人的生命。与众人欣喜难言相比，屠呦呦显得淡定平静，她多次强调：“这不是我一个人的荣誉，是中国全体科学家的荣誉。”

2015 年 10 月 5 日，屠呦呦成为了诺贝尔奖获得者，她也因此成为诺贝尔医学奖史上第 12 位女性得主。

为什么是屠呦呦？很多人这样问。

“学问是无止境的，所以当你局部成功的时候，你千万不要认为满足，当你不幸失败的时候，你亦千万不要因此灰心。呦呦，学问决不能使诚心求她的人失望。”在这封屠呦呦 14 岁时，哥哥写给她的信中，也许能破解一点成功的答案。

有谁能皓首穷经埋在古籍里，收集 2000 多种方药、筛选 380 余种中药提取物，只为快速找到抗疟灵感？

有谁能在经历了数不清的失败后，还能再坚定地多尝试一次，最终找到用乙醚提取青蒿素的方法，将对疟原虫抑制率提高到 100%？

有谁能在试验环境简陋，没有通风系统、实验防护的情况下，患上中毒性肝炎后仍然坚守科研一线？

有谁能甘当“小白鼠”，以身试药，确保青蒿素的安全使用？

有谁能为了验证青蒿素的疗效，不顾自身安危，第一时间赶去海南疟区现场临床试用？

有谁能为了倾全力研制青蒿素，将女儿送去老家寄养？

屠呦呦都做到了。

对于她的选择，丈夫李廷钊非常理解："一说到国家需要，她就不会选择别的。她一辈子都是这样"。

在就读于宁波中学时，班主任徐季子老师曾给这位当时并不起眼的女学生写下这样的评语："不要只贪念生活的宁静，应该有面对暴风雨的勇气。"

在艰苦的科研道路中，面对"暴风雨"时，她常用唐代王之涣的诗"欲穷千里目，更上一层楼"自勉。

"她是一个靠洞察力、视野和顽强的信念发现青蒿素的中国女性。"从拉斯克奖评审委员会对屠呦呦的评价中不难了解到，她就像一株挺立的青蒿，顽强、倔强、执着地向高处生长，拥有着克服困难的巨大勇气。

第三章

休言女子非英物
夜夜龙泉壁上鸣

祖国沉沦感不禁，闲来海外觅知音。
金瓯已缺总须补，为国牺牲敢惜身！
嗟险阻，叹飘零。关山万里作雄行。
休言女子非英物，夜夜龙泉壁上鸣。

——秋瑾《鹧鸪天·祖国沉沦感不禁》

女人的名字不是弱者
女人不是月亮，不是温室之花

男人能办到的事
女人经过努力同样可以办到
如果说男人是事业的顶梁柱
那么女人便是男人的主心骨。

一个女人，只有承认自己不是弱者
才能向着更加美好的人生前行。

花木兰

弯弓征战作男儿 梦里曾经与画眉

弯弓征战作男儿，梦里曾经与画眉。
几度思归还把酒，拂云堆上祝明妃。
——唐·杜牧《题木兰庙》

是谁，在那个刀光剑影的年代，毅然决然地选择了替父充军；是谁，在外数十载，忠心报国，无奈只能“独在异乡为异客，每逢佳节倍思亲”；是谁，在多少个无眠之夜，呓呓梦语，想着、念着远方的亲人。她就是那个不惧生死，不顾情长，一个不平凡的女子——花木兰。

花木兰是中国古代传说的四大巾帼英雄之一，是中国南北朝时期一个传说色彩极浓的巾帼英雄，她的故事也是一支悲壮的英雄史诗。

北魏时期，北方游牧民族柔然族不断南下骚扰，北魏政权规定每家出一名男子上前线。但是木兰的父亲年事已高又体弱多病，无法上战场，家中弟弟年龄尚幼，所以，木兰决定替父从军，从此开始了她长达十几年的军旅生活。

去边关打仗，对于很多男子来说都是艰苦的事情，而木兰既要隐瞒身份，又要与伙伴们一起杀敌，这就比一般从军的人更加艰难！可喜的是花木兰最终还是完成了自己的使命，在数十年后凯旋回家。皇帝因为她的功劳之大，赦免其欺君之罪，同时认为她有能力在朝廷效力，任得一官半职。然而，花木兰因家有老父需要照顾拒绝了，请求皇帝能让自己返乡，去补偿和孝敬父母。

千百年来，花木兰一直是受中国人尊敬的一位女性，因为她又勇敢又纯朴。1998 年，美国迪斯尼公司将花木兰的故事改编成了动画片，受到了全世界的欢迎。

《木兰诗》被列入中学课本，被千千万万的人世代诵颂。木兰的事迹和形象被搬上舞台，长演不衰。她的精神激励着成千上万的中华儿女保卫国家，可歌可泣。

唧唧复唧唧，木兰当户织

唧唧复唧唧，木兰当户织。不闻机杼声，惟闻女叹息。

问女何所思，问女何所忆。女亦无所思，女亦无所忆。

昨夜见军帖，可汗大点兵，军书十二卷，卷卷有爷名。

阿爷无大儿，木兰无长兄，愿为市鞍马，从此替爷征。

东市买骏马，西市买鞍鞯，南市买辔头，北市买长鞭。

旦辞爷娘去，暮宿黄河边，不闻爷娘唤女声，但闻黄河流水鸣溅溅。

旦辞黄河去，暮至黑山头，不闻爷娘唤女声，但闻燕山胡骑鸣啾啾。

万里赴戎机，关山度若飞。朔气传金柝，寒光照铁衣。

将军百战死，壮士十年归。归来见天子，天子坐明堂。

策勋十二转，赏赐百千强。可汗问所欲，木兰不用尚书郎；

愿驰千里足，送儿还故乡。

爷娘闻女来，出郭相扶将；阿姊闻妹来，当户理红妆；小弟闻姊来，磨刀霍霍向猪羊。

开我东阁门，坐我西阁床，脱我战时袍，著我旧时裳，当窗理云鬓，对镜帖花黄。

出门看火伴，火伴皆惊忙：同行十二年，不知木兰是女郎。

雄兔脚扑朔，雌兔眼迷离；双兔傍地走，安能辨我是雄雌？

这就是大家耳熟能详的《木兰诗》，讲述了一位传奇女性的故事。

南北朝时，陕西延安罕尚义村有一个退伍的老军官花弧，武功很好，立过战功，退伍后，把一身武艺传给女儿木蕙和木兰，木兰聪明勇敢，比姐姐更是要强。当时北京的突厥忽然入侵，奸淫掳掠，百姓死伤很多。

一天差人送来元帅的命令，征集各地义民从军保卫国土，对木兰说“姑娘，军书很多卷里都有你父亲的名字，这次征兵，凡退伍的军官都要从征，父亲年老儿子替征。”

木兰回到机房，心里愁闷，想起父亲年老，体弱多病，又没大的儿子可以替代，怎么是好，为国效力，自己本有责任，无奈女子从军，非常不便，想到这里，不由叹息。

后来，官差再次来催，花弧扶病出迎，觉得自己为国御敌，义不容辞，便要收拾行李动身。木兰就要代父入伍，大家也不同意，都说女孩家去不得。在木兰一再坚持要女扮男装的要求下，又给大家表演了高强的武艺，父亲才同意让她替自己出征。

女扮男装后，又到市上给木兰买弓箭鞍马，一切打点好。朝廷命令贺廷元帅出征。当下点齐人马，刀枪整齐，大队人马，浩浩荡荡开赴前线。

木兰她们过了黄河又渡黑水，披星戴月，翻山越岭，急奔前线。行军途中，有一个战士说起妇女在家安享清福，苦事都让男子做了，木兰道：“杀敌救国，就是战死，也很光荣。

妇女在后方也有责任，供给前方衣食所需，怎么说无用！”

在一次整顿兵马后，敌兵又犯，来到黄土坡下，两军交锋时，突厥忽然退走，元帅不知是计上前去追，不料被伏兵两侧包围，廷玉元帅大惊，想退回已经来不及了。只得死命地拼杀。这时木兰在十分危急时分，赶来杀退突厥王，救走元帅。木兰又领兵杀了回马枪，冲进敌营杀得突厥兵大败而逃。自此后，木兰很是受到元帅的器重，身经百战，屡建奇功，并不断地受到升赏。

一日夜深人静，木兰奉命巡营，忽见宿鸟惊飞，自北而南，怀疑敌后夜袭，便去见元帅。他们设计将人马撤出大营，四下埋伏，等候敌人入网。又命木兰带领一支人马，埋伏放过敌兵，然后去夺取突厥兵的营寨。到时元帅随后策应。

突厥王屡次来犯，却久未得手，这次发动了全军偷营，满心想会马到成功。摸进大营来，却只见空寨一座，自知中计想退时，四下伏兵已杀来。自是死伤无数，好容易退回嘉峪关，又遭遇木兰拦截，被木兰打下马来。突厥王被擒，大势已去，官兵纷纷投降。木兰一面派人禀报元帅，一面进城安民。并吩咐士兵严守军纪，不得妄动百姓一草一木。嘉峪关百姓欢喜迎接汉军进城。

这次木兰手臂上也中了箭伤，在营中休养，贺元帅来探望，并欲以自己的女儿许配给花木兰。木兰推说箭伤发作，请求返乡省亲。这时几个将领也来探望，大家羡慕她将要成亲。但她假说自己家中有妻，能敌千军万马，众将不信。朝廷宣诏劳军，颁给黄金玉帛，大家向木兰庆贺，木兰说道：“不愿升官受赏，决心还乡生产。”给元帅留言述明自己为国立功，不图富贵，元帅勉强允许。

木兰回乡，百姓沿途招待，家中父母姐弟出来迎接。便宜团圆，人人欢喜。她脱去战袍，换上衫实裙，又回到织布机房，安心织布。

一天，贺元帅前来为自己女儿提亲。花父推说儿子受风寒，染病在床。贺元帅要去床前探病。花老无法再推，只得换来木兰相见。木兰身穿衫裙，走上堂来。贺元帅仍说要见将军。花老说：“就是她。”贺元帅看了很久，才恍然大悟。

花老安排酒宴，向贺元帅请罪，木兰女扮男装之事。酒筵过后，木兰将贺元帅请到机房说：“以前国家多难，我才代父从军，为国效力，不求名利。如今国内安靖，我愿仍旧勤于纺织，尽我妇女本分。”贺元帅听了，十分钦佩，便回朝交旨去了。

婀娜花姿碧叶长，风来难隐谷中香。
不因纫取堪为佩，纵使无人亦自芳。

弘扬木兰精神，再现巾帼风采

从《木兰诗》中，我们看到的只是一个叫木兰的女子，无从得知木兰的姓氏，后来的人们都喜欢称她叫花木兰，想来也是因为女人如花的赞誉，人们便给予了她那样一个美丽的姓氏吧。

自从有舞台和戏剧起，花木兰的形象就不曾黯淡过，她似一阵清风，吹过了千年的岁月，轻拂无数女性的心头。在她们的眼中，花木兰就像是一个伟大的传奇。花木兰平时虽只是纺纱织布、操持家务的普通女子，但是在战争面前，她毅然决然地代父从军,用柔弱的身躯和男子们共同纵横驰骋、浴血沙场。勇敢机智的花木兰在十二年的征战中立下了赫赫战功，一路高升，但是花木兰并没有贪图这些虚名，而是弃名返乡，继续过着普通人的生活。

花木兰绝对是浩瀚历史星空中的一朵奇葩，她彻底颠覆了古来足不出户、相夫教子的中国传统女性形象，也非常契合当时的时代女性心中对陈规陋习的反叛之心，以及对独立自主的渴望之情。与此同时，在花木兰的身上也保留着传统女性的很多优点，她的勤劳、善良、贤惠、温柔以及浓浓的孝心。

在天马行空的电影银幕上，演员们塑造的花木兰既是一个有着似水柔情的温柔女子，也是战场上敢爱敢恨、疾恶如仇的勇猛将军，这两个截然不同的侧面都深深地让人动容。

也因如此，花木兰的精神历经千载而不衰，鼓舞着那些追求精彩人生的女性。

作为千古留名的传奇女子和中华民族的巾帼英雄，花木兰的形象一次又一次地被搬上银幕，随着中国文化传向世界，花木兰也成为了全世界人民所共知的女中豪杰。花木兰的精神，凝于气质，化为修养，可以说是最宝贵的非物质文化遗产，它为一代又一代的伟大女性所继承和发扬精神，在时代的穿梭中静静流淌。

一千个人心中有一千个哈姆雷特，一千个人心中也会有一千个花木兰。花木兰精神在不同的时代里，在不同的语境中，在不同人的心目中，都会得到不同的解读。但是，高贵的品质总会有恒定的价值，时代的变迁、环境的变化并不会阻止优秀的女性在花木兰身上找到自己所需要的那种精神。花木兰，也许就是她们心中的另一个自己。

“花木兰”这个名词，这个人，以及她的事迹已经深深地刻在了人们心中！也许在多少个年后的今天，还会有人用花木兰的事例来教育女儿，谁说女子不如男！要做就应该做一个坚如磐石，韧如柳丝的女子！

梁红玉

一心只怀男儿志
无限家国往来愁

胭脂淡抹出京口，志挽天倾战楚州。
金山桴鼓威海内，淮水浮图殁巾帼。
肠流身碎浩气存，首悬胴曝顽敌羞。
一心只怀男儿志，无限家国往来愁。
——佚名《梁红玉》

在中国历史的舞台上，男人一直是主角，但也曾出现过令人刮目的女子，她们用自己的努力，书写出精彩的人生！比如这位女子，她虽然出身青楼，地位卑贱，但后来却成为一代名将，著名的巾帼英雄，甚至挽救过南宋王朝。此人到底是谁呢？她有着怎样的传奇人生呢？这位女子的大名几乎是家喻户晓，她就是南宋著名抗金英雄、韩世忠的夫人梁红玉！

在历史上梁红玉虽然真有其人，但她的名字并没有留下记载，史书上只写为梁氏，红玉是明朝人在传奇中所写的，因此她的真实名字可能不叫梁红玉。不过梁氏的事迹却是令后人敬佩，堪称巾帼英雄。

因祸得福，姻缘偶成

史书记载韩世忠身材伟岸，目光好似雷电般锐利。出身贫寒的他自幼练武、力气过人，能驾驭野生马匹。虽有一身好本领，但他却是乡里一个“泼皮”：日日尚气饮酒，不讲法度。好在他为人仗义，才没被乡里人抓去官府。年至十八时，乡里人建议他去当兵报效国家。崇宁四年（1105 年），行侠仗义的韩世忠就这样投身军旅，开始了自己的戎马生涯。从此世上少了一个“泼韩五”，多了一个蕲王韩世忠。

韩世忠所在的小村子毗邻北宋西北边境，所以其当地的乡勇也要负责边防事宜。因此投军后，他分属的部队时常要与西夏军队交手。出乎意料的是，在他参军的第一年，就遇到了一个西夏监军驸马率军来犯。

当时，西夏军队已经拿下了银州，并且固城自守。宋军到达后，当地指挥便命韩世忠率精锐与西夏人鏖战。此役世忠不负所托，率先冲入城中斩杀守城的敌将。当守将的头颅被他丢出城后，余下的西夏军队很快就退散了。

但是没过多久，那名驸马监军亲自率军前来夺城。此时，韩世忠直接率领刚刚结束战斗的死士们坚守必经之路。鏖战片刻，西夏兵稍稍退却。在这稍纵即逝的机会中，眼光锐利的韩世忠突然发现一个装备精良的骑士。他随手抓来一个俘虏问那人是谁，当得知那名骑士正是监军驸马后，韩世忠跃马上前，不出几回合便将他斩于马下。战后当地的经略司上报战功，不过当时负责边务的童贯认为有夸大之嫌，因此，韩世忠只被升了一级，众人听闻后都愤愤不平。

在那之后，韩世忠又随刘延庆征讨筑天降山砦。这一次，他又一路勇猛杀敌，而且没有被主将所轻，韩世忠得以连升两级，也在之后得到了出征方腊的机会。在宋史的记载中，是韩世忠亲自带领一群士兵进入方腊藏身的洞穴，生擒了方腊。可是在出洞口的时候，被辛兴宗率人抢走了战功。

在正史中，关于此事再也没有详细的论述，而辛兴宗也只是在正史中出现了两回。但从同为宋人所著的《鹤林玉露》中，我们可以大致做个推测。韩世忠在战后可能因战功被人抢走，进而闷闷不乐。以至于战后的庆功宴上，面对美酒佳肴，他都竟然倒在庙柱下睡着了。但也正是这时，有一个和他一样不同凡响的人注意到了他。这个人，就是他的第二任夫人——梁氏，后人称之为梁红玉。

关于梁氏的早年，明朝的钱谦益认为她出身将门。因父亲兄长在征讨方腊不利，获罪而死，她本人也被卖为了营妓。而在《鹤林玉露》中，罗大经仅以“娼”字作为了她的身份介绍。

既然如此，我们便不再妄加揣度梁夫人的身世了。

话说当时在那灯红酒绿的宴席上，她注意到了心不在焉的韩世忠。攀谈一番后，梁氏认为此人注定不凡，决定以身相许。而韩世忠感于其身世，便将其赎为妾。后来，韩世忠的原配白氏去世，他便将梁氏续为正房。此后，二人书写了一段夫妻报国的美谈。当这一故事传颂至明朝时，时人有感于巾帼英雄缺少一个名号，便给梁氏起名“红玉”。

内忧外患，伉俪报国

建炎三年（1129 年），将官苗傅、刘正彦以“清君侧”之名发起兵变。梁红玉与其子被作为人质，扣押在叛军营中。谁知被叛军羁押的宰相朱胜非机警过人，而他又深知梁氏的为人。他假借招降为名，建议叛军让梁红玉带着小孩去游说韩世忠归附叛军。他们哪里知道，这梁红玉可不是那种惊慌失措的绣花枕头。当她骑马出发后，日夜兼程赶到韩世忠的

就中云幕椒房亲，赐名大国虢与秦
紫驼之峰出翠釜，水精之盘行素鳞

身边。回到丈夫的身边，她没有儿女情长，而是让丈夫出兵平叛。第二天，劝降的使者才姗姗来迟。他们本以为韩世忠将会归附苗刘麾下，谁知迎面而来却是冷血的冰刃。

不久，韩世忠、张俊等人召集四方兵马勤王，一举平定了这次兵变。而梁红玉的处变不惊，更加让人啧啧称奇。事后，因韩世忠救驾有功被晋封为检校少保、武胜昭庆军节度使。而他的妻子梁红玉也因此被封为护国夫人，并给予俸禄。在历史上，以功臣夫人身份领取俸禄的，梁氏是第一人。

不过一波未平一波又起，同年十月，金兵南下。不久，完颜兀术带领金军攻破建康，直逼临安。赵构听闻后，立马逃至明州（今浙江宁波）。次年正月，金军直指明州。此时，韩世忠苦心劝说高宗不能再跑了。可惜赵构无心迎战，但他同意让韩世忠带兵去截击金军。立下必死的决心后，他带着八千士兵和妻子梁红玉赶往镇江。如他所料，此时劫掠完的金兵正要北上，恰好也从镇江经过，一场大战就此爆发。

当时率领金兵的，是金国大名鼎鼎的四太子完颜兀术，民间又称他为金兀术。他见在此迎击的是韩世忠，便想与之一战。在上元节这一天，双方约定战期。到了约定之日，金军开始渡江攻击。梁红玉在宋军阵中，亲自为将士击鼓助威。此时，不仅仅是韩世忠，其他宋军士卒看了也倍感振奋。他们抓住金军不善水战的特点，接连击退金军，将他们赶进了黄天荡。

这个地方本是长江中的一处废弃港口，慌不择路的金军一头扎进去后，才发现这里没有退路。据记载，十万金国大军就这样被围困。被困后金兀术想用名马、财宝乃至土地换取出路，结果被断然拒绝。最后，一个当地的叛徒向金兀术献出一个计策，他让金兀术在没有风的晚上出击，纵火焚烧敌船。

原来，韩世忠的战船虽然战斗力强，但大多是高大沉重的海船，没风的时候难以开动。突围的前一晚，金兀术命令部下开挖河道。第二天金军开始突围时，金军按计划以小舟四处纵火，打得宋军力不从心。由此，被困几十天后，金军终于从黄天荡突围而出。

虽然韩世忠在黄天荡最后失利，但其成果可谓振奋人心。在宋史记载中，他用八千宋军围困了十万金兵四十八日。虽然这个数字可能有所夸大，但从金军能够在一夜间挖通三十里河道来看，其规模也绝对不小。更重要的是，黄天荡一战让韩世忠看到了希望，看到了战胜金军，收复山河故地的希望。在这之后，韩世忠于绍兴二年、绍兴三年两败金军。

绍兴五年（1135 年），韩世忠带着梁红玉屯军楚州。此时的楚州因为战乱，已是满目疮痍，但是梁红玉依旧跟着丈夫和士兵们同甘共苦。虽然手下只有三万人，但韩世忠梁红玉的名头，让金军不敢来犯。

在那个战乱的年代，韩世忠和梁红玉没有因为儿女情长忘了家国大事，反而是携手同行，一起保家卫国。他们舍家为国的精神，值得世人肯定！

犀箸厌饫久未下，鸾刀缕切空纷纶
黄门飞鞚不动尘，御厨络绎送八珍

秋瑾

自言才艺是天真　不服丈夫胜妇人

漫云女子不英雄，万里乘风独向东！
诗思一帆海空阔，梦魂三岛月玲珑。
铜驼已陷悲回首，汗马终惭未有功。
如许伤心家国恨，那堪客里度春风。
——秋瑾《七律》

清末民初，几乎所有的中国女人还在家里带孩子，有一个女人却离开家庭，穿起了男装，还办女报，搞革命，做男人不敢做的事——秋瑾的一生很短暂，但惊艳了那个时代。周恩来给表妹王去病题词：“勿忘鉴湖女侠之遗风，望为我越东女儿争光！”他认为：秋瑾是一个带头打破“三从四德”这种封建束缚的“新女性”，是一个反帝反封建革命的“先驱者”，“秋瑾是资产阶级革命家”。

秋瑾是华夏杰出先烈，民族英雄。她蔑视封建礼法，提倡女权，常以花木兰，秦良玉自喻。早年学习经史、诗词，善骑射。她与吕碧城被称为“女子双侠”，与唐群英被后人誉为“辛亥革命的孪生女儿”，与唐群英、葛健豪誉为“潇湘三女杰”，她们的女权与女学思想成为近现代中国妇女解放思潮的重要组成部分。

范文澜在《中国妇女》杂志发表一篇回忆性的学术文字《女革命家秋瑾》，径称秋瑾为“女革命家”，认为：“秋瑾是中国历史上妇女的伟大代表人物。”“她认定革命是救国的唯一道路”，并“坚决走革命道路”。“她在轩亭口从容就义，用纯洁的血为中国妇女画出了一条鲜明的路线来，后来千千万万的爱国妇女，在新民主主义革命时期，参加了革命队伍，正像秋瑾所希望的那样，为我中国女界中放一光明灿烂之异彩。”

男女平权天赋就，岂甘居牛后

秋瑾出生在福建云霄，生长在浙江绍兴，1895 年，19 岁的她跟随做官的父亲秋寿南来到湖南省湘潭县。秋寿南在当地结识了湘潭首富、曾国藩的表弟王殿丞。王见秋瑾生得秀美端庄，聪慧可爱，就托媒人送礼给儿子王廷钧提亲。秋瑾对于这桩婚事十分不满，但在封建社会里，儿女的婚事只能依从父母之命、媒妁之言。1896 年 4 月 20 日，王家彩銮花轿吹吹打打把秋瑾迎了过去。

王家虽锦衣玉食，但志趣高尚、性格刚烈的秋瑾并不喜欢过养尊处优的生活，更受不了封建家庭的种种束缚。比自己小两岁的丈夫王廷钧，在志趣、爱好上也与自己毫无共同之处。她叹息道：“琴瑟异趣，伉俪不甚相得。”

王廷钧一不好读书，二不务正业，每天游手好闲，吃喝玩乐。当时正值中日战争结束，清政府与日本签订了丧权辱国的《马关条约》，遭到全国人民的强烈反对。秋瑾时常劝丈夫：“天下兴亡，匹夫有责，你要好好读书，为将来国家的繁荣富强和个人的前途着想。”王廷钧却说：“朝廷只能割地赔款，委曲求全，我们这些匹夫有个屁责。”

还有一次，他们谈到了谭嗣同，秋瑾赞扬他为了国家和民族的利益视死如归，是一位伟大的维新志士。而王廷钧却大骂谭嗣同是中华乱党、士林败类。两人互不相让，差点吵了起来。秋瑾内心十分痛苦，她在一首诗中写道：“可怜谢道韫，不嫁鲍参军。”表达了她对王廷钧的不满。

秋瑾在湘乡荷叶塘和湘潭两地苦度了六七年时光，生下一儿一女。尽管王家生活优裕，但她与周围的人毫无共同语言，内心异常苦闷。在感情方面，她极力排拒王廷钧，对其言行嗤之以鼻。后者屡遭冷落，又无力抗衡，便另寻温柔之乡，流连秦楼楚馆。

秋瑾嫉恶如仇，平日最看不惯男人蓄妾的陋俗和嫖妓的淫性。据冯自由的《革命逸史》所记，当年，湘人陈范家中饶有资财，携二妾湘芬和信芳远赴东瀛，红袖添香读洋书，好不惬意。秋瑾哪能看得惯他这副德性？她认为陈范拥妾而骄是玷污了同胞的名誉，便极力促成湘芬和信芳脱离了陈范的掌控，从此人格独立。后来，陈范见利忘义，竟将女儿陈撷芬许配给广东富商廖某为妾，又是秋瑾公开反对，使婚事泡了汤。

另据徐自华的《秋瑾轶事》所记，有一次，她们同游上海张园，小憩品茗时，秋瑾见一名留学生挟一名雏妓乘车而来，在这花娇柳媚之地，露出一副轻狂放浪之态，她忍无可忍，立刻上前用日语狠狠地教训了他一顿，那人还算识相，赶紧灰溜溜地走了。徐自华静观这一幕，不由得打趣秋瑾横加干预是“真杀风景”。秋瑾则爽爽脆脆地回答道：“我如鲠在喉，不吐不快！”

1903 年，王家花大钱在北京为王廷钧捐了个户部主事的官职，秋瑾也随丈夫迁到了北京，住在绳匠胡同。秋瑾初到北京，人生地不熟，生活也不习惯，常常感叹：“室因地僻知音少，人到无聊感慨多。”后来她又搬到南半截胡同居住，在这里认识了王廷钧的同事廉泉的夫人吴芝瑛。廉氏夫妇思想较开明，崇拜孙中山先生，且在文学、书法等方面都很有造诣。秋、吴二人很快成为知己。

秋瑾的革命志向与理想，不仅得不到丈夫的理解与支持，反而遭到他的训斥：“这是男人的事情，你休胡思乱想。”秋瑾也不示弱：“我要去寻求真理，女人也有救国救民的责任。”两人吵得互不相让。王廷钧知道秋瑾是个说得到做得到的倔强女子，要说服她是不可能的，只好采取卑劣手段，趁秋瑾不备，偷偷将她的珠宝和首饰及积蓄全部窃走，妄图以此来阻挠她赴日。秋瑾气愤地说："你可以窃去我的钱财，但你捆不住我出国留学的决心。"秋瑾变卖了仅剩的财产和衣物，加上吴芝瑛等人的资助，于1904年4月只身东渡日本，从此迈出了她人生道路上的关键一步。

在日本，秋瑾结识了不少进步、探索革命真理的青年，组织起"共爱会"，参加反清秘密团体"三青会"，会晤了孙中山，和黄兴、喻培伦等人一起加入了同盟会，为救国救民而积极奔走。对于这些，王廷钧均有所闻，极力反对，两人思想的距离越来越远。秋瑾在日本三年，两人从无书信来往，夫妻关系名存实亡。

1906年冬秋瑾听说王廷钧纳妾的消息，反而高兴，觉得有了与王廷钧脱离关系的理由。于是，她给大哥秋誉章写了一封信，请大哥代她办理离婚。秋誉章几经奔波，由于王廷钧的阻碍，离婚之事未成。

1907年春，秋瑾由日本回国，为联络光复会、洪江会以及策划平礼起义事宜，女扮男装，潜往长沙，住在朋友家里，人们都称其"秋伯伯"。其时，她曾去王廷钧家看望子女。王家人以为她穷途归来，回心转意，盛情接待，希望夫妻破镜重圆。但又暗中监视，不让她再次出走。秋瑾借口出去看戏，从后门溜出，沿湘江乘船而去。秋瑾此次的湘潭之行，便是她与王家的诀别。

1907年，为了有力地宣传妇女解放，发动妇女团结起来参加斗争，她决定创办一份便于普通妇女阅读的杂志——《中国女报》，提出创办的宗旨，是要“开通风气，提倡女学，联感情，结团体，并为他日创设中国妇人协会之基础”。

秋瑾对此倾注了巨大的精力，在这两期上发表了《中国女报发刊词》、《敬告姊妹们》、《看护学教程》、《勉女权》等文章、诗作。她在《敬告姊妹们》一文中说：

“唉！二万万的男子，是入了文明新世界，我的二万万女同胞，还依然黑暗沉沦在十八层地狱，一层也不想爬上来。足儿缠得小小的，头儿梳得光光的；花儿、朵儿，扎的、镶的，戴着；绸儿、缎儿，滚的、盘的，穿着；粉儿白白，脂儿红红的搽抹着。一生只晓得依傍男子，穿的、吃的全靠着男子。身儿是柔柔顺顺的媚着，气虐儿是闷闷的受着，泪珠是常常的滴着，生活是巴巴结结的做着，一世的囚徒，半生的牛马。试问诸位姊妹，为人一世，曾受着些自由自在的幸福未曾呢？”

她痛心于当时广大妇女尚不觉悟，希望妇女们不要安于命运，立志从经济上获得自立的能力，以摆脱奴隶地位，争取女权。据说，许多妇女看到这些文章后，感动得流出眼泪，并开始了深刻的思考。

秋瑾重视妇女们团结起来开展斗争，她努力创办《中国女报》，要把它作为“联感情，结团体，并为他日创设中国妇人协会之基础”。她还把争取女权的解放与整个国家、民族的解放紧紧地联结起来，号召妇女们在推翻清朝的斗争中与男子一起承担责任。她在《勉女权歌》歌中写道：

吾辈爱自由，勉励自由一杯酒，男女平权天赋就，岂甘居牛后？

愿奋然自拔，一洗从前羞耻垢。若安作同俦，恢复江山劳素手。

旧习最堪羞，女子竟同牛马偶。曙光新放文明候，独立占头筹。

愿奴隶根除，知识学问历练就。责任上肩头，国民女杰期无负。

作为女权运动的先驱者，她号召妇女们“奋然自拔”，参加反清革命斗争，在民族解放事业中建“素手”之功。

《中国女报》虽然仅出版两期，却产生了较大社会影响，并在中国妇女运动史上留下了光辉的一页。

一腔热血勤珍重，洒去犹能化碧涛

1907年2月，秋瑾回浙江，接任绍兴大通学堂督办，与徐锡麟共筹在皖、浙两地发动武装起义。

为有效组织武装起义的力量，秋瑾整顿光复会组织，联络会党势力，组织“光复军”。她将光复会会员分成 16 级，以“黄祸源溯浙江潮，为我中原汉族豪，不使满胡留片甲，轩辕依旧是天骄”这首七绝诗中的前 16 字分别作为 16 级的表记。她还秘密编制《光复军军制》，将光复军全军分为 8 军，以“光复汉族，大振国权”8 字分别作为各军的表记。

她与徐锡麟联系，制定了皖浙起义计划，“以安庆为重点，以绍兴为中枢”。大通学堂成为当时浙江革命的大本营。

1907 年 7 月 6 日，绍兴大通师范学堂督办秋瑾，以光复军协领的名义，命令浙江的光复军在这一天共同起义。然而，天不遂人愿，在安徽的徐锡麟起义失败，浙江各地的金华、武义、兰溪、汤溪、浦江、永康，起义均告失败。各地的消息以及叛徒的交代、告密，全都指向大通学堂及其主持人秋瑾。

7 月 11 日，清政府从杭州派出 300 多名新军，赶往绍兴搜查大通学堂及逮捕秋瑾。到 7 月 13 日下午 4 点多，杭州派来的新军，在管带徐方诏、绍兴知府、山阴知县、会稽知县等带领下，将大通学堂包围得严严实实。

那个傍晚，闷热无比，在民众木讷的眼光里，荷枪实弹的清军将穿着白衬衫、双手被绑的秋瑾押出学堂。

秋瑾的嫡亲侄孙秋经武说，其实，在杭州派出 300 多名新军赴绍兴捉拿她之时，秋瑾就得到了消息，她有足够的时间撤离。但她没有离开，而是从容地转移枪支弹药和各类文件，命令学生各自分散隐蔽。秋瑾的大嫂，也就是秋经武的奶奶张淳芝为了帮助她离开，分三次送800块银元到大通学堂让她做盘缠。

然而，秋瑾早已下定了赴死的决心。她将第一次送来的300块银元、第二次送来的200块银元全部分给了学生，让他们先走。7月13日下午，当第三次300块银元送到大通学堂门口时，她已经被五花大绑地押着，从门里推出来了。

那一年，后来成为马克思主义历史学家的范文澜十三四岁，就住在锦麟桥头，大通学堂的正对门。他曾在回忆文章里如此具体描述那个亲眼所见的瞬间：看见秋瑾穿着白汗衫，双手反缚，被一个兵推着走，前面有几个兵开路，又有几个兵紧跟在后面，他们都端着上刺刀的枪，冲锋似地奔过我家门旁的锦麟桥，向绍兴知府衙门的路上奔去。秋瑾严肃镇静的神情和那群狗子们疯狂凶恶的可憎相，我个小孩，也看得分明………

两天后的7月15日凌晨，秋瑾倒在轩亭口的血泊中。就义前，她只留下了一句诗——“秋风秋雨愁煞人”。

整整一百多年了。今天的大通学堂对面，范文澜的家已经修葺成了“范文澜故居”。

秋瑾曾在给友人的信中写道：“星台短暂一生，光彩炽烈，壮美无与伦俦。”

这又何尝不是秋瑾壮烈一生的写照？

多姿多彩的人生、轰轰烈烈的革命，秋瑾以死把生命的乐章推向了高潮。她的选择，自有其深刻的原因。

为革命而死，早已成为她的自觉。1905年9月，革命党人吴樾在北京车站炸清廷出洋考察五大臣而壮烈牺牲。秋瑾写下诗《吊关烈士樾》，赞颂说：“爆血同拼奸贼医，男女爱国已忘身。”留日学生陈天华蹈海自杀，秋瑾悲愤赋诗：“莽莽神州又陆沉，救日无计愧偷生。”

浙皖起义的失败，同志的壮烈牺牲将秋瑾的愤怒推到了极致，同时她自己也陷入了对革命前途的茫然。被捕前，秋瑾写下《致徐小淑绝命词》：

痛同胞之醉梦犹昏，悲祖国之陆沉谁挽？日暮途穷，徒下新亭之泪；残山剩水，谁招志士之魂？不须三尺孤坟，中国已无干净土；好持一杯鲁酒，他年共唱摆仑歌。虽死犹生，牺牲尽我责任；即此永别，风潮取彼头颅。壮志犹虚，雄心未渝，中原回首肠堪断。

然而，即便是死，秋瑾也既有“秋风秋雨愁煞人”的忧思，更有“拼将十万头颅血，须把乾坤力挽回”的豪迈。她说：“革命要流血才能成功，如满奴能将我绑赴断头台，革命成功至少可以提前五年，牺牲我一人，至少可以减少后来千万人的牺牲，不是我革命失败，而是我革命成功……我不入地狱，谁入地狱！”

1911 年 10 月 10 日，辛亥革命爆发，次年初，清王朝被推翻，中国历史翻开了新的一页。此时，离秋瑾就义也就三年半不到。

施剑翘

翘首望明月
拔剑问青天

战地惊鸿传噩耗，闺中疑假复疑真。
背娘偷问归来使，恳叔潜移劫后身。
被俘牺牲无公理，暴尸悬首灭人伦。
痛亲谁识儿心苦，誓报父仇不顾身。
——施剑翘

她是民国的千金大小姐，本该赏花、弹琴、女红……父亲惨遭杀害，她走出深闺，踏上10年复仇路。血溅佛堂，她三枪击毙大军阀孙传芳，轰动全国。大仇得报，心愿已了，本欲慨然赴死，却被特赦。她就是民国第一女刺客施剑翘。

1935 年 11 月 13 日下午 2 时许，天津市佛教寺院居士林的殿堂里，突然响起了几声枪声，原北洋军阀、前五省联军总司令孙传芳应声中弹倒地，顿时毙命。由此爆出一条特大新闻，当日《新天津报》发出“号外”称：“孙传芳被刺死，施小姐报父仇”，平津为之轰动；次日沪宁各报也刊出了这条“血溅佛堂”的特大消息。曾经显赫一时的北洋军阀孙传芳一生驰骋疆场，可他最后居然死在了一位女子的枪下。这位传奇的女子是谁，她为何要杀孙传芳呢？

姜文电影《邪不压正》里，周韵扮演的角色叫关巧红，一心一意要为父亲报仇。这个人物的原型，就是刺杀孙传芳的奇女子——施剑翘。

军阀混战，痛失慈父

施剑翘原名施谷兰，生父是革命先烈施从云，后过继给施从云之弟施从滨。她自小在施从滨的宠爱中长大，与父亲的感情非常深。

施从滨于辛亥革命后曾任新军第 5 师第 10 旅旅长。1912 年任第 1 混成旅旅长，驻守镇江。1922 年归奉系，历任济南镇守使、将军府恂威将军、山东帮办军务兼第 47 混成旅旅长等职。为官数十年，爱民爱国，秉性清廉，不治私产。

1925 年，直系军阀孙传芳拥兵浙江，伺机向北扩充地盘。此时，张作霖的奉系正在向南扩张，与孙传芳的势力发生冲突。10月，孙传芳联络苏、皖、赣、闽几省的直系军阀，以“双十节”检阅为名调集大军，自称浙闽苏皖赣五省联军总司令，分五路出兵进攻上海，爆发了大规模的奉浙战争。

孙传芳很快占领上海、南京。接着，孙传芳命谢鸿勋、卢香亭等率部往北推进。孙军所到之处烧杀掠夺，无恶不作，苏、鲁地区暗无天日。张作霖得知失败的消息后，立即任命施从滨为安徽省善后督办，率军迎战孙传芳。

因为孙传芳部远来疲惫，施从滨连战皆捷，进展迅速。施从滨被一时的胜利所迷惑，下令乘胜追击，一意向前导致孤军深入。固镇一战，因为施从滨以前与山东总督张宗昌有矛盾，张宗昌未及时派人加以援助，导致施部陷入了孙军的重重包围之中。

孙传芳为了保存实力，曾三次致电施从滨，并派人与之联络，想要说服施从滨前线倒戈，两军免于作战，而施从滨未加以理会。孙传芳恼羞成怒，下令全力进攻，将固镇附近的铁轨全都拆除，发誓要让施从滨插翅难飞。没过多久，施从滨部作战失利，施从滨和他的随从乘坐铁甲车仓皇撤退，车至断轨处倾倒，施从滨等人被随后赶来的孙军俘虏。

孙传芳把施从滨带到了指挥部，说要让他不得好死。当时有人劝说孙传芳，施从滨毕竟是高级军官，杀了恐怕会引出麻烦。可孙传芳不听，他用钢索捆住施从滨，将其割头杀害，悬首曝尸三天三夜。当地红十字会对孙传芳的行为强烈不满，出面将施从滨的尸体草草收敛。施剑翘的三叔冒着生命危险以同乡的名义将施从滨的尸首运回安徽桐城埋葬。

矢志报仇，十年寻踪

施从滨被杀的消息传到施家后，犹如晴天霹雳，全家悲痛欲绝，特别是他的女儿——20岁的施剑翘更是异常悲愤。出生将门之家的施剑翘，自幼受父亲的言传身教，好读诗文，练得一手好枪法。她暗暗立誓一定要为父报仇，并且写诗一首，以明心志：

战地惊鸿传噩耗，闺中疑假复疑真。
背娘偷问归来使，恳叔潜移劫后身。
被俘牺牲无公理，暴尸悬首灭人伦。
痛亲谁识儿心苦，誓报父仇不顾身。

再坚决的誓言都需要用行动去证明，摆在施剑翘面前的困难很明显，以她这么个柔弱之躯如何去手刃五省联帅孙传芳？起初，她把希望寄托在施中诚身上。

施中诚原是施剑翘大舅的儿子，但因自幼父母双亡，便过继给了施从滨，并被他抚养成人。此时，施中诚被张宗昌委任为团长，这也算是张宗昌对替自己卖命的施从滨的最后一点补偿。施剑翘心想，现在唯有还有些势力的堂兄才有希望帮自己报仇了，便找到施中诚，说出了自己的请求。施中诚一口答应，并在施从滨的灵堂前发了誓。

但施中诚并没有履行自己的诺言。一般为官之人，都是官越做越大，胆子却越来越小，生怕出点纰漏，将自己多年的苦心经营毁于一旦。施中诚也是这样一种人。官运颇为亨通的他，后被任命为烟台警备司令。此时的施中诚对报仇之事绝口不提，更怕施剑翘日后会连累到自己，便劝施剑翘放弃报仇的想法。施剑翘明白，现在的施中诚已是贪图富贵享受之人，便心灰意冷，写了封信给他，表明断绝兄妹关系。

1928 年，施剑翘随母亲移居济南，这一年的农历九月十七，是她父亲遇害三周年的忌日。三年过去了，想到血仇未报，施剑翘忍不住在父亲的灵前失声痛哭。这时候，有一个人出现在了她面前，他就是施靖公，施剑翘后来的丈夫。

施靖公是山西军阀阎锡山部的谍报股长，此次前来济南办事，因与施从滨有过交往，便借住在施剑翘家。他表示十分同情施剑翘的遭遇，还说可以帮助她报此血仇，但是有个要求，要她以身相许。

为了给父亲报仇，施剑翘可以连命都不要，还会在乎以身相许吗？于是她答应了。婚后，她随夫迁往太原，并且生了两个儿子。原以为有了丈夫作为靠山，报仇有望了。可施剑翘做梦也没有想到，随着施靖公官运的亨通，他竟把婚前的诺言当作空气散了。这一场因为复仇而结成的畸形婚姻，就这样宣布结束。

施剑翘带着两岁和七岁的两个儿子，带着一腔的仇恨，离开了施靖公。在离开这个生活了多年的家时，她心头一阵酸楚，禁不住吟道：“翘首望明月，拔剑问青天。”从此以后，她把自己的名字改作剑翘，以铭复仇之志。

1926 年，孙传芳在九江与北伐军作战，结果全线崩溃。为了保存自己的实力，他想要同张作霖达成合作。同年 11 月，孙传芳秘密化装，乘坐普通客车，由南京赴天津，参加张作霖主持的蔡园会议；12 月，张作霖在天津蔡园就任安国军总司令，孙传芳为副总司令兼第一军团总司令，驻守南京对抗北伐军。

1927 年 8 月，孙传芳在龙潭战役中，被白崇禧统领的北伐军打得大败。1928 年，孙传芳追随奉张退至东北，将家属迁至大连居住。张作霖死后，张学良任命孙传芳为东三省军务总指挥，并在少帅府设孙联帅办公室。1929 年 11 月，孙传芳以在大连的张夫人患病为由，常居大连。1931 年“九一八”事变后，孙传芳携全家来到天津租界寓居。

转眼到了 1935 年，施从滨被杀已整整 10 年了。此时的

施剑翘，决心要亲自动手，以了却自己的心愿。世间有非常之人，然后有非常之事。施剑翘坚信，自己虽是一介弱女子，又何尝不能把握稍纵即逝的机会，手刃寇仇，一雪心头之恨？从此施剑翘特别留意孙传芳的行踪，凡是关于他的消息，事无巨细，她都要思考半天。

但天津不是一个小城，在偌大一个城市里找到一个人又谈何容易，况且施剑翘并未见过孙传芳，连自己的仇人长什么样都不知道，又怎么报仇呢。施剑翘便跑遍天津城，希望能找到一些关于孙传芳的线索，裹过小脚的施剑翘行动不便，为了能行动自如，她甚至去医院做了脚趾拉伸手术。

功夫不负有心人，一日，施剑翘在街边摊上看见有人将名人照片贴在镜子上，仔细一找，果然有孙传芳的，便买了下来，日日端详，牢记仇人模样。一日夜晚，施剑翘走至大光明电影院的门口，此时正是电影散场的时间。施剑翘注意到了停在电影院门口的一辆黑色轿车，这辆轿车施剑翘见孙传芳乘坐过，车牌号正是1093。这时从电影院走出了很多人，其中一人，虽是晚上，却仍戴着墨镜，一副气宇轩昂的模样。施剑翘打了个冷战，此人不是别人，正是自己日也想夜也想的仇人孙传芳。仇人近在咫尺，施剑翘第一反应便是拔出手枪将其打死，但此时人群密集，动手肯定会伤及无辜。她还在犹豫中，孙传芳已坐进车内，扬长而去。

此后，施剑翘又多次跟踪孙传芳，但都因其戒备森严而无从下手。

手刃仇人，喋血居士林

1935 年农历九月十七，这日是施从滨去世 10 周年的忌日，施剑翘到庙内祭祀父亲。一想到父亲到现在仍死不瞑目，孙传芳仍逍遥于世，施剑翘内心悲痛不已，当下不禁痛哭起来。庙内一个和尚见这位女施主如此悲痛，便上前劝慰。和尚道："女施主既是如此悲伤，不若脱离尘世苦海，皈依我佛。"

施剑翘啜泣道："这位师父，如今我还有深仇大恨未报，如何能脱离尘世？"和尚叹道："不然，只要女施主肯放下尘世恩怨，佛门永远为施主敞开。你看，如今靳云鹏、孙传芳等人不也都皈依我佛了？"

说者无心，听者有意，施剑翘听见"孙传芳"三字便立即停止哭泣，仔细询问和尚关于孙传芳的事。

原来此时的孙传芳已经摇身一变，由杀人如麻的五省联帅变成了天津居士林的副林长，准备放下屠刀，立地成佛了。"九一八"事变之后，孙传芳下野回天津居住，但日本人对这些旧军阀仍想要极力拉拢。而在另一方面，国民政府的特务机关又对这些旧军阀严密监控，谨防这些人被日本人利用。在这种两难的境地下，孙传芳听从了曾任北洋政府总理的靳云鹏的建议，皈依佛门，担任了居士林的副林长，并公开声明不再过问政治之事。孙传芳皈依佛门后，法号"智圆"。

施剑翘打听到，这位智圆法师每周三、周六都必到居士林听经。施剑翘便化名"董惠"，混进了居士林，以此观察孙传芳每次前来听经所坐的位置和能射击到他的角度。

1935 年 11 月 13 日，为了报仇隐忍了 10 年的施剑翘终于要手刃仇人了。

这一天，秋风萧瑟，天空还下起了雨，一直到中午都没有停。这么糟糕的天气，孙传芳也许不会去了，施剑翘的心情又低落到了极点。到了下午，施剑翘还是决定到居士林看看，希望能看到孙传芳。孙传芳果然没有去，他一贯坐的位置上空空的，堂内听经的人也不是很多。施剑翘在堂内逗留了一会儿，心想又要等下次机会了。正想着，施剑翘看见有人在给孙传芳常坐的椅子擦灰，她立刻意识到孙传芳马上要来了！

原来这日清晨醒来，孙传芳便觉精神不爽，天空偏又下起了雨，孙夫人便劝他不要去听经了，但孙传芳觉得自己作为居士林的副林长，诵经之日理当前往，便勉力而去。

施剑翘意识到孙传芳要来了，赶紧拦了一辆车赶回寓所。原来施剑翘认为孙传芳不会前来，便把手枪放在了家中。施剑翘回到家中，穿上先前准备好的大衣。这件大衣是施剑翘特地为这次刺杀准备的，大衣内深口袋是掩藏手枪的绝好之处。

下午 3 点半，一袭青色大衣的施剑翘又一次回到了居士林，谁也不知道她从容的眼神后面暗藏的杀机。孙传芳也身着黑海青僧袍，像往常一样迈着标准的军人步伐走进了会堂，在自己的位置上坐下了。

施剑翘坐在靠后的位置，孙传芳坐在前排，后面不是射击绝佳位置，而且容易伤及无辜。施剑翘便故意喊道：“后面的炉子怎么烤得人这么热啊！”此时，一位居士便搭话道：“你不会到前排去吗？”虽然口气里带着些不满，但施剑翘正求之不得，赶忙上前挪到了孙传芳右后方的位置。

施剑翘稳定了一下自己的情绪，心中默念：父亲，孩儿今天就要为您报仇了！施剑翘默默地从大衣口袋内掏出了一把勃朗宁手枪，而此时众居士都在闭目诵经，谁也没有注意到她的举动。她迅速打开保险，朝着孙传芳后脑勺便是一枪，孙传芳立刻扑倒在地，施剑翘又连补了两枪。孙传芳脑浆迸裂，鲜血流了一地。

佛堂内突然响起了枪声，众居士睁开眼睛便看见孙传芳倒在血泊中，又不知发生了何事，现场顿时混乱不堪。施剑翘站起身大声喊道：“我叫施剑翘，今日为父报仇，绝不伤及无辜！”接着便向人群散发早已准备好的传单，一份《告国人书》和一张施从滨的照片。传单上写着：“一、今天施剑翘打死孙传芳，是为先父施从滨报仇；二、详细情形请看我的《告国人书》；三、大仇已报，我即向法院自首；四、血溅佛堂，惊骇各位，谨以至诚向居士林及各位先生表示歉意。”

施剑翘镇定地给家中打了个电话后，便向警察局走去。

舆论纷争，终获自由

施剑翘刺杀孙传芳的案件在天津的地方法院审理。按照当时的法律，施剑翘的行为应判处10年以上有期徒刑或者无期徒刑、死刑。在法庭上，施剑翘毫不畏惧，详细陈述了自己艰难的复仇历程，最后说道：“父亲如果战死在两军阵前，我不能拿孙传芳做仇人。他残杀俘虏，死后悬头，我才与他不共戴天。”

施剑翘的陈述以及律师的辩护感动了在座的每一个旁听者，也感动了法官。但是，人们也提出了一些迷惑：施剑翘哪里来的枪？跟谁学的射击技术？有没有共犯和更深的犯罪背景？对于这些问题，法庭进行了详细的追问。

施剑翘面对询问，从容不迫地一一对答。她说：“我为父报仇，蓄谋已久，并没有也不可能有什么别的背景。我的父亲不是死在两军对垒的沙场，他是被俘虏后惨遭杀害，还被悬头示众，此仇不共戴天。我若不能报此深仇大恨，枉为人女！我的本家兄弟和我丈夫都是有钱有势的人，却忘恩负义，不肯为我父亲报仇，我不可能再去找别人。再说，要刺杀像孙传芳这样的人，关系极为重大，如果不小心谨慎，连我的命也会搭上，功败垂成。所以买油印机，刻写印刷品，都只能由我一人担任，连母亲也不知道。手枪是由太原我丈夫那里带来的。至于射击技术，我在幼小时就常拿父亲枕头下的手枪玩，知道如何装子弹，怎样放枪。”

审理过程中，社会各界纷纷对施剑翘表示声援，并强烈呼吁国民政府释放或特赦施剑翘。法庭鉴于施剑翘的为父报仇情结以及社会各界的反应，做出一审判决：判处施剑翘有期徒刑10年。这已是谋杀罪中最低的刑罚，但施剑翘并不服判，她上诉到天津市高等法院。高等法院接受上诉，改判其有期徒刑7年。

施剑翘服刑一年后，1936年10月20日，国民政府在舆论的压力下，特赦了施剑翘。在这其中，冯玉祥也出了大力。冯玉祥早年曾跟施剑翘的生父施从云参加过反清运动，得知施剑翘之事后，便四处奔走，联合了30多位党政要员，呈请国民政府特赦施剑翘。

后来，施剑翘辗转各地，往来佛堂，宣号佛意。1937年，她担任了湖南抗敌后援总会慰劳组主任，先后去汉口等地慰劳抗日将士，捐赠物资给八路军驻长沙办事处，并在合川县募捐了3架飞机的资金。宋美龄想拉拢她，她断然拒绝，写诗明志道："寄语渔人休布网，大鱼不在此中留。"

在周恩来、邓颖超的指导下，她逐步走向革命，1945年，她遵照周恩来的指示，出川到苏州办从云小学，掩护党的地下工作者。

1946年，施剑翘受周恩来的委托，利用合法身份，冒着生命危险，把慰问金送到驾机起义的刘本善家属手中。

新中国成立后，施剑翘曾担任苏州市人民代表和市妇联副主席，后应周恩来总理邀请去北京，担任全国妇联领导职务和北京市政协委员。

郑毓秀

人道聪山毓秀
秀如嵩岳生申

海鹤松间襟韵，梅花雪后精神。
皇家耆蔡老元臣。彝常千载事，品物四时春。
人道聪山毓秀，秀如嵩岳生申。寿身寿国寿斯文。

——元·程文海《临江仙·寿聪山》

郑毓秀是中国民国时期一个极具传奇色彩的人物，是中国女性的偶像，她在中国历史上为中国女性创造了很多的第一，是中国女性传奇人物史上的一座不朽的丰碑。

元代词人程文海的一阕《临江仙 · 寿聪山》中的名句：人道聪山毓秀，秀如嵩岳生申。意思是聚合天地之灵气，孕育出优秀人才。《红楼梦》第三十六回也曾有言："亦且琼闺绣阁中亦染此风，真真有负天地钟灵毓秀之德了！"

看来，在文人心目中，山川秀美之地往往会诞生世间大才。广州新安，就是一个人杰地灵之处。《新安县志》云："邑地枕山面海，周围二百余里，奇形胜迹不一而足，而山辉泽美，珍宝之气聚焉，故旧郡名以宝安。"在这片土地上，诞生了一位奇女子——郑毓秀。

天生叛逆，特立独行

清朝末年，随着许多西方社会理念的流入，男女平等的思想逐渐在中国生根发芽，传统中国妇女的地位也进入了一个重要的转折时期。很多接受新思想的女性开始为自己的权利而抗争，郑毓秀正是其中的代表。

1891 年，郑毓秀出生于广州府新安县西乡屋下村（现深圳市宝安区西乡街道乐群社区）一个官宦之家。祖父郑姚凭借精湛的木工活逐渐发家，成为富甲一方的地产商人。父亲是当朝户部官吏郑文治，家境富裕。

虽然郑毓秀身处清朝末期，但保守的社会环境并没有浇灭她的叛逆与勇敢。5 岁时，郑毓秀就拒绝绑脚，绷带缠上了拆，拆了又绑，最后，气得祖母大骂"她的脚会长得像大象一样大，长大后没人娶”；为了保护小佣人，捍卫正义，郑毓秀6岁便挑战家中“权威”，与祖母顶撞，对着打人的表姐放话“该打的是你”。

郑毓秀13岁的时候，父母为她定了一门亲事，婚约对象是当时两广总督的儿子。郑毓秀对此颇为不满，甚至还自己写信给未婚夫，申明自己已经解除婚约。此举一出，一片哗然，最后郑毓秀迫不得已离家出走。

这一走，郑毓秀就随着兄长到了天津。据郑毓秀自述：“后来还是我父母看人家把我议论得太厉害了，叫我转学到天津一所美国人办的学校里去，暂时借此避避风头。恰巧我哥哥在这时要回到他任事的地方去，就把我带到了天津。”

郑毓秀进入了天津“崇实女塾”教会学校，接受西式教育。郑毓秀回忆说：“这所美国人创设的学校，办理得非常完备。管理方面、教授方面，都比中国自办的好。全校学生四十多人，美国人、英国人、中国人都有，功课大半是用英文的，教得非常认真，所以我去不多时，已能说简易的英语了。从此更使我一心想到国外去留学。”

1907年，她随姐姐东渡扶桑。在日本期间，郑毓秀接受了孙中山反清革命思想熏陶，认识到要救国，只有反清。次年，经廖仲恺介绍，她参加了孙中山领导的资产阶级革命党——同盟会，正式参加革命，成为反清反封建的一员猛将。

后来她认识了廖仲恺的夫人何香凝，两人都拒绝“缠足”，都拒绝“包办婚姻”，她们成了挚友。不久后，郑毓秀回国从事革命活动。

运送军火，传递情报

从1905年到1908年冬，孙中山领导的同盟会已经发动了6次武装起义，但都相继失败，大批革命青年为此失去了宝贵的生命。此时梁启超等保皇党乘机攻击革命党的暴力革命，批评革命党领袖是指使别人送死而自己谋取名利的“远距离革命家”。

梁启超的批评反响很大，一时在海外华人中掀起了批评革命党领袖的风潮。同时，革命党内也出现了一股“倒孙狂潮”，一时间革命陷入失败的边缘。为了挽救革命，挽救同盟会，汪精卫主动提出自己去北京刺杀清政府高官，用鲜血来证明同盟会的领袖不是贪生怕死的“远距离革命家”，使党内外的怀疑人士重树对革命的信心。

汪精卫计划他和黄复生先期抵达天津，做好准备再将喻培伦制作的炸弹携带到北京。

1909年10月，汪精卫、黄复生两人先乘英国船到天津，由同盟会的郑毓秀专程迎接他们。此时的郑毓秀精通外文，是天津著名的交际花。廖仲恺特地写信给她，要求她全力帮助汪精卫等人的暗杀活动。

双方见面后，汪精卫谈了他们的计划，又对郑毓秀说：“听说最近北京的火车站盘查得很严，我们这些男人携带炸弹容易引起怀疑，所以想请你帮我们把炸弹带入北京。不过这是一件非常危险的事，炸弹在路上一不小心就有可能爆炸。”郑毓秀当即爽快地答应：“如果不会爆炸，还叫什么炸弹！这事就交给我了！”

郑毓秀凭借她的机智勇敢和在社交界的名气，邀请了一位追求她的西欧外交官和她一同去往北京。1910年2月10日，北京前门车站，这位西欧外交官帮郑毓秀提着她装有炸弹的行李箱，她则挽着外交官的胳膊，大摇大摆走出检查处，巧妙地躲过了车站警察的检查，非常出色地完成了任务。

炸弹运到北京后，喻培伦和陈璧君也赶到北京。计划刺杀的目标是摄政王载沣的弟弟载洵贝子和载涛贝勒。2月底，他们将从欧洲访问返京，汪精卫准备在车站投掷炸弹将其炸死。没有想到的是，当时危机四伏的清廷正努力挽回人心，搞了个廉政运动，载洵和载涛不摆架子，不设保卫，混杂在普通乘客中一起出站。于是，下车人流中，普通人里夹杂着戴红顶子官帽的人，而戴红顶子官帽的人又极多，汪精卫和黄复生看花了眼也无法辨别哪两个是载洵和载涛，即使看清也怕误炸了无辜乘客，只好终止了这一暗杀计划。

在辛亥革命爆发后的一两个月，郑毓秀多次为革命党人秘密运送军火，传递情报。作为颇富传奇色彩的女性，郑毓秀还曾经两次亲自参与了革命党人暗杀清廷要员的活动。

刺杀袁世凯，功败垂成

1912 年 1 月，因听说清廷皇帝不愿意退位是袁世凯支持的，京津同盟会决定刺杀袁世凯。这一刺杀计划主要由郑毓秀负责。

根据刺杀行动计划，郑毓秀将刺杀成员分成四组。第一组张先培、傅思训、许同华、黄永清、陶鸿源等隐匿于三义茶叶店楼上；第二组黄之萌、李怀莲、李献文在详宜坊酒楼伪装饮酒；第三组钱铁如、曾正宇、杨禹昌、邱寿林等在东安市场前徘徊；第四组郑毓秀与吴若龙、罗明熊三人则共乘一辆马车，游弋于东华门、王府井大街之间。各组准备在预定地点同时向袁世凯投炸弹。

1912 年 1 月 15 日，各组已奔赴战斗岗位。郑毓秀突然接到同盟会驻北京支部的紧急命令：放弃刺杀袁世凯的行动。因为最新的情况表明，南北议和的真正阻力来自良弼，而不是袁世凯。

郑毓秀飞快地跑去约会地点通知放弃计划。她清醒地意识到，时间紧迫，倘若能够阻止这次行动，就会减少同志们的牺牲。可是为时已晚，刺杀行动已经开始。大街上惊慌的人群四处逃散，现场一片嘈杂混乱。为了掩护其他同志，郑毓秀掏出藏在衣袋里的手枪，向着天放了两枪，接着又朝袁世凯的马车开了一枪，没有想到子弹打中那匹上下跳跃的马，马匹当场倒下。当她再次举枪向袁世凯射击时，扳机却出现了问题，她的右拇指一块肌肉被夹在扳机上，鲜血染红了手掌。这一痛，令郑毓秀彻底清醒过来，她意识到自己必须迅速离开这个危险的地方。她忙将手枪抛在一边，把手藏在口袋里，并故意靠近警察，大声喊道："岂有此理！那些无法无天的革命党，竟敢光天化日之下干出这种事情！"并迅速乘黄包车离开了现场。那些警察怎么也没有想到，这位女子竟是刺杀袁世凯的主要负责人。

当天晚上，袁世凯的特务头子、营务处总理陆建章对抓获的十余人亲自审讯，后来其中7人由郑毓秀去找外国记者出面保释，只有张先培、黄之萌、杨禹昌是在射击时被捕，罪证确实，被立即执行枪决。

有趣的是，后来，袁世凯的次子袁克文在天津经吕碧城、潘连碧的关系，认识了郑毓秀、张以保等人，而这两个人不仅是女革命党，也是刺杀其父袁世凯的"主犯"。而据袁克文《辛丙秘苑》记载，事情被步军统领江朝宗所侦知，竟把袁克文及其生母金氏以革命党嫌疑告发，把袁世凯弄个哭笑不得，只得置之不理。

刺杀良弼，迫使清帝退位

辛亥革命推翻清廷后，部分清室贵族不甘心退出历史舞台。1912年1月12日，清皇室贵族分子良弼、毓朗、溥伟、载涛、载泽、铁良等召开秘密会议，19日以"君主立宪维持会"

的名义发布宣言被称为“宗社党”。成员以胸前刺有二龙图案、满文姓名为标志，在京、津等地积极活动，企图夺回袁世凯的内阁总理职权，以毓朗、载泽出面组阁，铁良出任清军总司令，然后与南方革命军决一死战，并强烈要求隆裕太后坚持君主政权。

这个顽固守旧的良弼，就成为革命党的死对头，于是京津同盟会决定对良弼下手。郑毓秀接到任务后，吸取了刺袁行动的教训，改变了行刺方法，决定先派一人接近良弼，然后近距离炸死他。

担当刺杀任务的是革命党人彭家珍，其时彭家珍正与郑毓秀的姐姐处在热恋之中。郑毓秀为了革命事业，仍然坚决支持彭家珍的行刺行动。在彭家珍、郑毓秀等革命党人的周密安排和部署下，此次行动成功实施。

1912 年 1 月 26 日，正值农历腊八，清廷有在此日为贵胄馈赠腊八粥的习俗。宗社党魁良弼想趁此机会与贵胄商讨进击南方革命军的事宜，彭家珍亦计划于是日杀良弼。在 1 月 25 日给诸同志兄弟姐妹的“绝命书”中，彭家珍写道：入同盟会以来“未见大效”“今除良弼之心已决”“共和成，虽死亦荣；共和不成，虽生亦辱，不如死得荣”，表达了彭家珍舍生取义的决心。

1 月 25 日，彭家珍穿着高级军官服，自称是清军标统，到北京前门附近的金台旅馆定下房间。次日他先到前门军咨府清廷贵胄聚会的地方，但未见良弼。他又驱车直奔西四红罗厂良弼的官邸，良府仆人说，良弼去摄政王府未归。

彭家珍乘车行走不远，见良弼乘驷马大车回来，于是急忙回车，追至良府大门口。良弼刚从车中迈下一条腿，彭即赶上前去递名片。良弼正在诧异之间，彭已将炸弹掷出。良弼被炸断左腿，倒在地上，两天后死去。彭家珍因头部被炸，当即牺牲，年仅 23 岁。

由于彭家珍刺杀良弼的地点在红罗厂，史称“红罗厂事件”。就在彭家珍牺牲后的第 17 天，1912 年 2 月 12 日清帝宣布退位。

以玫瑰为枪，吓阻陆征祥

1914 年，革命党人获知袁世凯有暗杀郑毓秀的计划，于是通知她暂避一时。而此时的郑毓秀也发现救国救民仅有热情还远远不够，必须具备先进的思想和技术，才能有真正的用武之地。在这种情况下，郑毓秀选择了出国留学，她的革命生涯暂告一段落。

到巴黎后，郑毓秀改名苏梅，进入法国巴黎大学的前身索邦大学攻读法学专业。学习期间，郑毓秀依旧忙于社交界，是巴黎华人女性的杰出代表。经过 3 年的刻苦攻读，她于 1917 年以优异的成绩获得巴黎大学法学硕士学位，并且继续攻读博士学位。

在求学期间，郑毓秀加入了法国法律协会，是该学会的第一位中国人。郑毓秀不但聪明好学，为人热情，而且性格温和，风度优雅，能言善辩，能说一口流利的法语。有一次，在法国大学成立中法协会时，她登台演说，面对数千听众，用慷慨激昂的语气，宣扬中华民族灿烂的古代文化，以及爱和平、重信义的传统美德，使听众耳目一新。之后，欧洲各国文人、政府都向她了解中国的真相，郑毓秀也因此闻名巴黎，在留法的学生中算得上一个佼佼者。

1918 年，郑毓秀受南方军政府吴玉章主持的外交委员会的委派，在法国进行国民外交工作。

1919 年 1 月，第一次世界大战的战胜国在法国巴黎凡尔赛宫召开“巴黎和会”，中国作为战胜国，也派代表出席了和会。郑毓秀因精通英、法两语，被任命为巴黎和会中国代表团成员，担任联络和翻译工作。郑毓秀当时还是留法学生组织的重要领袖，是组织留学生经常到中国代表团驻地游行、请愿，要求代表团拒绝签字的主要负责人之一。

巴黎和会期间给人印象深刻的莫过于郑毓秀一手导演的“玫瑰枝事件”。在西方列强操纵的巴黎和会上，相关条约不利于中国，中国外交的失败引发了国内反帝反封建的五四运动。

由于国内局势紧张，人民要求拒约的压力很大，北京政府便把签字与否的责任推给中国出席巴黎和会的代表团团长、北京政府外交总长陆征祥。这使陆左右为难，提出辞职又不准，便装病躲进巴黎近郊的圣克卢德医院。

就在巴黎和会签字的前一天晚上，即 1919 年 6 月 27 日晚上，300 多名留法学生和华工包围了中国首席代表陆征祥的下榻地，要求他不要在和约上签字。

郑毓秀由于出色的辩论和外交才能，被推举为代表与陆征祥谈判。而此时，陆征祥已接到北京政府的示意，准备在和约上签字。郑毓秀急中生智，在花园里折了一根玫瑰枝，藏在衣袖里，顶住陆征祥，声色俱厉地说：“你要签字，我这支枪可不会放过你。”受到惊吓的陆征祥不敢去凡尔赛宫签字，由此保留了中国政府收回山东的权利。

喜结良缘，归国展才华

灿如夏花的留学岁月，不只有革命的激情与热血，更有花季少女的柔情似水。在法兰西，郑毓秀爱上了当时名声在外的王宠惠，无奈落花有意，流水无情，终未成姻缘。

但郑毓秀也找到了自己的终身伴侣，也是后来的丈

夫——魏道明。了解民国史的人，对这个名字应该是相当熟悉。魏道明于1930年出任了民国南京特别市市长，1947年任国民党“台湾省政府”首任主席，官至外交部部长。魏道明小郑毓秀近10岁。他在江西省立第一中学毕业后，随父亲到北京，就读于法文学堂。1919年赴法国留学，经同乡介绍认识郑毓秀。起初郑毓秀并未对他多加留意，只将他视为小字辈。后来魏道明也进入巴黎大学法科，成为郑毓秀的学弟，两人经常一起讨论功课。魏道明言谈中肯，有独到之处，得以折服自视甚高的郑毓秀，使她一改原先对他的态度，视魏道明为知己。

1926年，魏道明获巴黎大学法学博士学位，同年秋回国，不久郑毓秀也返国，年底他们的联合律师事务所就开业了。当时在上海，由于洋人享有领事裁判权，华人与洋人打起官司来十有八九要吃亏，一般律师都不愿意接这样吃力不讨好的案子。但是郑毓秀和魏道明二人不信这个邪，不惜与英法等国领事力争，几番为华人争得权利，于是魏郑律师事务所名声大噪。

1927年，郑毓秀与魏道明在杭州结婚。郑毓秀是中国第一位女性律师，这个荣誉实至名归。在当时，虽然中国妇女的社会地位已有所提高，可以从事各种自由职业，但律师这个职业，一直是女性的禁区。比如1915年司法部颁布的章程，其中明确规定律师应为“中华民国之满二十岁以上之男子”，从法律专业的角度讲，法律规定中的“应该”其实就是必须的意思，如此明文规定的“性别歧视”，可见当时社会风气之传统。

虽然规定如此，但总有办法。在仔细研究了中国的司法制度后，郑毓秀发现，作为一名取得法国律师牌照的中国人，她可以在法国租界的法庭出现。于是，郑毓秀成为涉足这一禁区的第一个中国女性。

随着经手的案件越来越多，郑毓秀逐渐成为当时数得着的大律师。比如当时名噪一时的梅兰芳与孟小冬离婚案，郑毓秀作为孟小冬的代理人出面调解双方，案子最终以梅兰芳支付孟小冬 4 万元告终。

郑毓秀不畏政府权威，1926 年，知名民主人士杨杏佛被捕，郑毓秀出面担任杨的辩护律师，利用自己的关系向政府不断施压，在法庭上慷慨陈词，影响甚大。经过郑毓秀等人的努力，杨杏佛最后成功脱险。

旅居海外，英雄落魄

郑毓秀除了从事律师工作外，还在当时的南京国民政府中担任过多项重要的社会职务。1927 年，郑毓秀历任上海审判厅厅长、国民党上海市党部委员、江苏政治委员会委员、江苏地方检察厅厅长、上海临时法院院长兼上海发行院院长。

1928 年，郑毓秀在南京国民政府中出任国民党立法委员、建设委员会委员。特别值得一提的是，随着南京国民政府立法院于1928年成立，次年1月国民政府即指定郑毓秀和傅秉常、焦易堂、史尚宽、林彬5人组成民法起草委员会，专门负责民法的起草工作。由此可见郑毓秀丰富的法律实践经验和扎实的法学理论功底在当时是屈指可数的。抗战期间，郑毓秀曾任教育部次长。

1942年，魏道明接替胡适任驻美大使，郑毓秀成了大使夫人，协助丈夫开展外交工作。1943年，宋美龄访问美国，郑毓秀协助安排，后出任“各国援华会”名誉主席。深谙政治的罗斯福总统夫人称赞郑毓秀“具有政治头脑，不同于历任中国大使夫人”。美国总统杜鲁门的夫人虽不过问政治，却仍和郑毓秀结为知己。

1947年，魏道明改任台湾省主席，郑毓秀随夫赴台北。由于魏道明非蒋介石嫡系，1948年由陈诚取代魏道明任台湾省主席，同年郑毓秀夫妇移居美国，从此淡出了政治舞台。

远离政坛后，夫妇二人从美国又转到巴西，曾尝试经商，但因经营不善，外加人脉生疏，郑毓秀夫妇在巴西逗留数年后又复返美国，过着旅居生活。此刻的郑氏夫妇，想回中国大陆，已是奢望；想回台湾，蒋介石因早年的恩怨不给他们办理通行证。漂泊异乡的郑毓秀，痛感英雄落魄而无用武之地，只好终日聚集朋友搓麻将、叙故旧、忆往昔，消磨时日，这样的生活，对于一个心怀壮志的奇女子来说，是世界上最痛苦的折磨。

就算这样，无论走到哪里，郑毓秀都随身携带着那根法国的玫瑰枝。早已干枯的枝干，被她镶进画框里，悬挂在客厅的墙上，一直到她逝世。有人说，这个在上流社会浮浮沉沉的民国女子，仍然在怀念那个“以玫瑰为枪”的历史瞬间，和那些早已逝去的快意恩仇的时光。

1954年，郑毓秀左臂病发，现癌变症状，被迫切除左臂，这对一世英名的郑毓秀来说，无疑是个沉重的打击。客居他乡、倍感落寞的郑毓秀，晚年疾病缠身，度日如年，于1959年12月16日病逝于美国洛杉矶。

赵一曼

未惜头颅新故国
甘将热血沃中华

誓志为人不为家，涉江渡海走天涯。
男儿岂是全都好，女子缘何分外差？
未惜头颅新故国，甘将热血沃中华。
白山黑水除敌寇，笑看旌旗红似花。
——赵一曼《滨江述怀》

聂荣臻评价赵一曼：“赵一曼同志早在二十年代就参加了我党领导的轰轰烈烈的革命斗争，并为民族解放献出最宝贵的生命！表现了中华女儿的英雄气概和共产党员的高贵品质。她的伟大的英雄形象和光辉业绩永远激励着中华儿女坚毅不拔开拓前进，为全人类的解放奋斗不息！抗日民族英雄赵一曼烈士永垂不朽！”

1936年8月2日凌晨，黑龙江省珠河县（今尚志市）小北门外，传来了一阵低沉沙哑的歌声，随着歌声，人们看到被敌人绑在一辆马车上“游街示众”的赵一曼。马车来到小北门外，赵一曼衣衫褴褛，她勉强站稳了身躯，目光坚定地对着刽子手。枪声响起，南国女儿的一腔热血喷洒在了苦难深重的东北大地上。

男儿若是全都好，女子缘何分外差

赵一曼，原名李坤泰，出生在四川省宜宾县北部白杨嘴村一个封建地主家庭。父亲曾花钱捐了个“监生”的功名，后自学中医，为乡里看病。母亲操持家务，共生6女3男，一曼排行为七。1913年，8岁的赵一曼入私塾学习，成绩良好。

赵一曼13岁时父亲去世，哥嫂对她多方管制。为了少惹是非，哥嫂将她收集的进步书刊付之一炬，并准备将她嫁出去了事。她激愤之中吐了血，用“一超”的名字发表了要求脱离家庭的宣言。她不仅自己不缠足，还用菜刀剁烂了裹脚布和小尖鞋，并组织了“妇女解放同盟会”。母亲想用做女红的方法收敛赵一曼的心，让她学绣花，然而她9个月内没绣出一朵花，反而利用这个时间读了很多革命的书籍。

五四运动期间，赵一曼受到革命思想影响。1924年，大姐夫郑佑芝用通信的方式介绍她加入社会主义青年团。1926年，她加入共产党，曾任共青团宜宾地委妇女委员和县国民党党部代理妇女部长。

1927 年 9 月，按照党组织的安排，赵一曼到苏联莫斯科中山大学学习，在去往莫斯科的轮船上，她遇见了黄埔军校第六期学生、共产党员陈达邦。在“红莓花儿开”的国度里，他们经常在一起交流和散步，怀着对未来美好的期许，二人成为一对红色恋人。

1928 年“五一”国际劳动节期间，经党组织批准，赵一曼与陈达邦结为伉俪，不久赵一曼怀有身孕。由于国内革命形势迅速发展，非常需要妇女干部，组织上决定让她提前回国，赵一曼坚决服从组织的决定。

1932 年春，苦难的东北在沉沉暗夜中悲愤伤痛，赵一曼这位南国女儿临危受命被派到抗日斗争的最前沿。她先到奉天（今沈阳市），后被派到哈尔滨担任满洲省总工会组织部部长。1933 年 10 月，兼任哈尔滨总工会代理书记。

1934 年 2 月 26 日，因叛徒告密，哈尔滨党团组织受到严重破坏。赵一曼的处境也十分危险，党组织决定将她转移到外地工作。然而，她坚定地表示要到生活条件十分艰苦的抗日游击区去搞武装斗争。后满洲省委研究决定，派赵一曼去往珠河县抗日根据地开展工作。

白山黑水除敌寇，笑看旌旗红似花

1934 年 7 月，赵一曼赴哈尔滨以东的抗日游击区后，任中共珠河中心县委委员、县委特派员和妇女会负责人。后任珠河铁北区委书记。

1935 年 9 月，赵一曼任东北人民革命军第三军第一师第二团政治部主任。10 月，赵尚志率领大部队离开珠河，去开辟新的游击区。赵一曼和王惠同团长则带领全团指战员坚持在珠河根据地同讨伐的日伪军周旋，以完成策应第三军大部队转移的战斗任务。

11 月 14 日，第二团五十余官兵从铁道南县委驻地返回道北，试图向延寿方向挺进和我军主力会合。部队来到道北五区春秋岭左撇子沟的安山屯，在这里被汉奸朱景才发觉，密告了驻乌吉密的日伪军。15 日上午 10 时许，赵一曼和王惠同发现日军横山部队一部、冈田正木部队预备队一部、吉田部队一部以及珠河县伪警察大队第三中队等日伪军三百余人异动后，紧急集合抢占南山有利地形同日伪军展开激战。

战斗持续进行了六个多小时，激战中，赵一曼被敌军击中左臂，她忍着剧痛将最后一颗手榴弹投进敌群后机智地滚进草丛。

当赵一曼从山沟里清醒过来后，先后与负伤的战士老于、十六岁的妇救会员杨桂兰、交通员刘福生碰到一起。大家互相搀扶着来到侯林乡西北沟的一个窝棚里。

11 月 22 日，汉奸廉江和米振文在侯林乡西北沟发现赵一曼和二团失散战士隐藏的窝棚，立即密告日军远间重太郎和伪警察队长张福兴。

上午 9 时 30 分，三十余名伪警察包围了小窝棚，战斗中，交通员刘福生和战士老于牺牲，赵一曼左腿被伪警察的“七九”步枪击成重伤，顿时昏死过去，铁北区宣传部长周伯学和妇救会员杨桂兰同时被俘。

刽子手们已经到了丧心病狂的地步，他们轮番的使用吊拷、鞭打、竹签刺指甲、烙铁、坐老虎凳、用铁条刺她腿上的伤口、往她嘴里灌汽油和辣椒水等无所不用其极的严刑，但这一切都没能让赵一曼屈服，她怒斥敌人：“你们这些强盗可以让整座村庄变成瓦砾，可以把人剁成烂泥，可是，你们消灭不了共产党人的信仰。”

1935 年 12 月 13 日，赵一曼因腿部伤势严重，生命垂危，日军为了得到重要口供，将她送到哈尔滨市立医院进行监视治疗。在住院期间，赵一曼利用各种机会向看守她的警察董宪勋和女护士韩勇义进行反日爱国主义思想教育，两人深受感动，决定帮助赵一曼逃离日军魔掌。

1936 年 6 月 28 日，董宪勋与韩勇义将赵一曼背出医院，送上了事先雇来的小汽车，几经辗转，赵一曼到了阿城县金家窝棚董宪勋的叔叔家中。6 月 30 日，赵一曼在准备奔往抗日游击区的途中不幸被追捕的日军赶上，再次落入日军的魔掌。赵一曼被带回哈尔滨后，凶残的日本军警对她进行了坐老虎凳、灌辣椒水等更加严酷的刑讯，但她始终坚贞不屈。日军知道从赵一曼的口中得不到有用的情报，决定把她送回珠河县处死“示众”。8 月 2 日，赵一曼被押上去珠河县（现尚志市）的火车。

赵一曼知道日军要将她枪毙了，此时她想起了远在四川的儿子。当年生儿子临产时，她正在宜昌做地下工作，把孩子生在一个好心妇女的半间砖房中。她背着孩子一路讨饭，前往上海寻找党组织，受尽了千辛万苦，几乎在上海街头把孩子卖掉。在那么艰难的环境中拉扯大的孩子，让行将为国捐躯的母亲如何不想念？这封充满舐犊之情、报国之意的遗书写于赵一曼赴刑场的途中，读来催人泪下：

宁儿：

母亲对于你没有能尽到教育的责任，实在是遗憾的事情。母亲因为坚决地做了抗日的斗争，今天已经到了牺牲的前夕了。母亲和你在生前是永久没有再见的机会了！希望你，宁儿啊！赶快成人，来安慰你地下的母亲！我最亲爱的孩子啊，母亲不用千言万语来教育你，就用实行来教育你！在你长大成人之后，希望不要忘记你的母亲是为国而牺牲的！

赵一曼走了，她的精神激励着后人，她的魅力感染着后人，而她的精神与灵魂所化成的旗帜，也将永远飘扬在历史的天空。

李贞

由来巾帼甘心受
何必将军是丈夫

学就四川作阵图，鸳鸯袖里握兵符。
由来巾帼甘心受，何必将军是丈夫。
——明·朱由检《赐秦良玉其一》

1955年9月27日，百万官兵期盼已久的授衔授勋典礼拉开序幕，14时30分，中国人民解放军将官军衔授予典礼在中南海紫光阁西边的国务院礼堂隆重举行。在这群战功赫赫、充满传奇的开国将军之中，有一位女将军格外引人注目，她就是共和国第一位女将军，也是唯一的开国女将——时任防空军政治部干部部部长的李贞少将。

1928年的一天，湖南浏阳张家坊来了一队娶亲的，走到团防局的时候，突然，这一队人全部变成游击队，冲进团防局跟里面的人交上了火。而且，人们还发现，花轿里的新娘子也冲了出来，手里端着枪，打得一点也不比男人差。

这个“新娘子”，就是李贞。

作为新中国历史上的第一位女将军，李贞的英名传扬中外，她的丈夫、1955年被授予上将军衔的甘泗淇同样威名远扬，人们称他俩为“神州夫妻两将星”。

白色恐怖面前不低头

李贞出身贫寒，年仅6岁就被卖给了一户人家当童养媳。喜欢看古装戏的人都知道，童养媳可不像现在的小媳妇那样受宠，其实就是去给人家当丫鬟的，什么重活累活都得她干。

整整10年后，李贞终于迎来了自己的新生。

1925年，李贞的家乡来了一批共产党员，号召贫苦百姓走出来闹革命。16岁的李贞在姐姐的支持下，毅然走出了家门，去妇女协会报了名。

当时，李贞还没有正式的名字，人们都叫她旦妹子。报名的时候，负责人问她叫什么名字，李贞心想，既然决定走出去，就不能再叫旦妹子了，叫什么好呢？这些天她经常听人们说，要对革命“忠贞不屈”，干脆就叫李贞吧！

参加革命后的李贞，迅速成为当地一个小有名气的革命者，当地政府数次通缉，都抓不到她。但是，她的婆家人受不了了，这样不“安分守己”的儿媳妇，谁能受得了？于是，一纸休书，断绝了跟这个“无法无天”的儿媳的关系。

而此时的李贞，早已不在乎那些旧礼教，把我休了更好，以后闹革命就更加自由了！

1927年4月，大革命失败了。白色恐怖笼罩着湖南城乡。湘鄂赣边区特委妇女部长李章被杀害后，吊在桥头暴尸。女共产党员易维五被斩下头颅，悬挂在城楼上示众。敌人四处追捕李贞。

当晚，李贞钻进了湘赣边界的深山密林之中，她挎着竹篮子，四处寻找隐藏的共产党员。经过多日奔波，她终于找到了共产党员刘先行、刘正元和李汇东。四名共产党员会合在一起，组成了一个党支部，李贞任书记——这是浏阳县永和区第一位地下党支部书记。李贞和党支部的同志，继续寻找上级党组织，终于和中共湖南省委派回原籍浏阳领导武装斗争的王首道接上了头。

革命火种又在浏阳大地上点燃。湘赣边界的秋收暴动正在筹划之中。9月11日，秋收暴动的工农队伍打进了醴陵，接着又攻进了浏阳。李贞带领党支部的同志立即投入战斗，策应部队，打击敌人。眼见游击队的实力不如敌人，她突然心生一计。她想，浏阳鞭炮享有盛名，燃放起来好似枪声，何不借此迷惑敌人呢？于是，她找来一个煤油桶，在桶里放起鞭炮来，那噼噼啪啪的声音，果然吓得敌人狼狈逃窜。

工农革命军开赴井冈山后，白色恐怖又一次降临浏阳河两岸。浏东游击队正是在这样的环境中成立了。刘少龄任队长，颜启初任党代表，李贞任士兵委员长。开始，游击队只有几个人，两条枪，其余则是鸟枪、马刀、梭镖。但他们以大围山、连云山为依托，与不断来犯的敌人巧妙周旋，坚持武装斗争。

游击队日益壮大，国民党当局大为震惊。湖南军阀何键命令周翰带领一个团，同时纠集当地的团防军、联防军，向浏阳扑来，发起了冬季“围剿”。

李贞带领游击队依靠有利地形，勇敢顽强，击溃了敌人一次又一次冲锋。第二天傍晚，枪声稀疏了。队长便让她和几名游击队员先行撤离阵地。

李贞说：“我是共产党员，应当让地方干部和群众先撤。”

突围的同志刚下山，就遭到敌人的疯狂扫射，除一名游击队员和几名地方干部群众突围成功外，其余同志都壮烈牺牲。

天黑了下来，敌人燃起火把搜山。李贞临危不惧，带领游击队员顽强抵抗。子弹打光了，就搬起石头朝敌人头上砸去。从后山偷偷爬上来的敌人迂回包围过来。李贞和几名游击队员退到了祖师岩的悬崖上。

“抓活的！”“抓活的！”敌人的嚎叫声不绝于耳。眼看敌人就要攻上来了，李贞对仅剩的 4 名游击队员说：“不能让敌人捉活的，往下跳！”话音刚落，她第一个纵身跳下了万丈深渊。

不知过了多长时间，李贞清醒过来。她发现自己被卡在崖边的树丛中。在两名幸存的战友的搀扶下，李贞咬着牙坚持走了五六十里路，终于逃出敌人的包围，回到了游击队。

1934 年 8 月，蒋介石调集 130 个团的兵力对湘鄂川根据地发动第三次“围剿”。这时，红二、六军团已经完成了策应中央红军长征的任务，于 11 月中旬踏上了万里征途。

此时，李贞已经迎来了自己的终身伴侣——甘泗淇，媒人还是大名鼎鼎的贺龙元帅。

长征途中，为精简机关，军组织部只留下三个干部，人又少工作量又大，李贞忙得不可开交。由于过度劳累，加上饥寒交迫，李贞病倒了，但她瞒着组织，艰难地跟在部队后面前进。长征路上，由于各自工作任务的需要，甘泗淇和李贞不能一起行动。当得知李贞病重时，他又惊又愧，在贺龙和任弼时的“命令”下赶去看望李贞，这时李贞高烧不止，被确诊为伤寒症。部队缺药，甘泗淇把自己唯一

的物品一支莫斯科中山大学奖给他的金笔卖掉，买来针剂，才让李贞病情好转。夫妻二人患难与共，终于坚持到达了陕北。

抗日战争爆发后，李贞接受组织安排，去后方任八路军妇女干部学校校长，甘泗淇则奋战在抗日前线。解放战争时期，甘泗淇担任西北野战军政治部主任，李贞也调到西北野战军，他们一起参加了解放大西北的一系列战役。新中国成立不久，甘泗淇、李贞又一同赴朝作战。战争结束后，甘泗淇出任解放军总政治部主任，李贞任军委防空军干部部的部长，两人又并肩作战，肩负着保卫国防和人民军队现代化建设的重任。

母爱献给烈士遗孤

李贞和丈夫甘泗淇终身未育，但他们抚养了 20 多个烈士遗孤，把伟大的母爱无私地奉献给了孩子们。

抗日战争时期任八路军 120 师后勤部长的陈希云，在生命垂危时对几个年幼的子女放心不下。李贞安慰他说：“你安心治病吧，家里的事我们这些老战友会帮助照顾好。”随后，她把陈希云的大女儿陈小妹接到家里，从上小学、中学、大学，一直到参加工作，体弱多病的陈小妹，在李贞慈母般的关怀照顾下健康幸福地成长，后来考上了解放军外语学院，成为部队的技术骨干。

朱一普是苗族老红军朱早观的女儿。朱老1955年病逝后，李贞和甘泗淇就把朱一普接到家里抚养。朱一普患胃病，李贞特地定了份牛奶，对她进行“特殊照顾”，鼓励她养好身体，好好学习，将来做一个对国家对人民有用的人。

这些烈士的后代相聚在李贞家，每次吃饭都要摆上二三桌。星期天和节假日，李贞还抽空带孩子们去看电影，逛公园，大家庭里充满了温暖，其乐融融。

李贞经常对身边的工作人员说：“战争年代十分艰苦，现在条件好了，我们不能贪图享受，丢掉艰苦奋斗的好传统。”

李贞穿的衬衣、外套，盖的被子等，都是补了又补，缝了又缝。一双棉鞋她穿了十几年，仍不肯换新的。身上穿的大多数是60年代留下来的青布衣服，领子和袖子都是补丁叠补丁，谁也记不清染过几回了。冬天就在外面套上一件褪了色的棉布军大衣。

1983年春节前，总政老干部福利局张处长一行代表总政领导到李贞家拜年，张处长拿出200元钱对李贞说：“这是组织上补助的生活福利费。”李贞连连摇头说：“这钱不能收。我们这些幸存的老同志，和那些牺牲的战友相比，已经很幸福了，请组织上不要再给特殊照顾了。”

李贞的工资并不高，可她的生活开支却不小，20多个义女义子要生活，张口伸手都离不开钱。时常有些老同志来京住在她家里，钱用光了，她还掏钱给他们买车票，送给他们路费。

从 1975 年开始，李贞住在香山脚下一个很普通的破旧四合院里。住房年久失修，设备很差。卫生间里经常漏水，有时还得垫上砖头才能走进去。几户人家合用一个锅炉烧水取暖，冬天室内温度也比较低。总政领导多次劝她搬到城里去住，可她总是说：“房子还能住。我有办法御寒。”

李贞的“办法”很原始，她把那双又笨又重的帆布羊毛大头鞋穿在脚上。身上再穿件棉大衣，膝盖上放着热水袋。“全副武装”的在屋子里看书、批阅文件、处理群众来信。1980 年，李贞定为大军区副职。可是，李贞仍然住在原来的房子里。

1982 年元旦，一位领导去看望李贞。一进屋，见李贞家里空荡荡，没有一件像样的家具。凡是去过李贞家的人都对她说：“您的住房实在太差了，家具也太破旧了，我们看到都感到很‘寒酸’，还是让管理部门给您换一换吧！”李贞微笑着说：“这哪能说是‘寒酸’，和过去对比，我觉得现在已经很不错了。”

1984 年春天，组织上又派人劝她搬家。好说歹说，她才同意搬进紫竹院附近一幢公寓里的一套军职干部房。在这幢“集体宿舍”里，李贞度过了她一生中最后六个不平凡的春秋。

1985 年 9 月，中共十二届四中全会召开前夕，李贞给中共中央和中央军委写报告。她在报告中满怀激情地写道：“我今年已经 78 岁了，我早就有一个心愿：请求辞去中顾委委员和总政治部组织部顾问的职务，让位于年富力强，更能胜任的同志。这是我发自内心的感情。作为党的一名老战士，应该以实际行动为后人做出好样子，为我们党和军队干部制度的改革带个好头……”

第四章

不要人夸好颜色
只留清气满乾坤

我家洗砚池头树，个个花开淡墨痕。
不要人夸好颜色，只留清气满乾坤。

——元王冕《墨梅》

女人如梅花，不惧严寒
迎着风雪，傲立枝头，尽情绽放
爱梅花，爱你的坚强勇毅
爱梅花，爱你的顽强不屈
爱梅花，爱你在困难面前不低头
爱梅花，爱你象征着我们巍巍的大中华
永远都是意气蓬勃，屹立不倒

卓文君

皑如山上雪　皎若云间月

皑如山上雪，皎若云间月。
闻君有两意，故来相决绝。
今日斗酒会，明旦沟水头。
躞蹀御沟上，沟水东西流。
凄凄复凄凄，嫁娶不须啼。
愿得一心人，白头不相离。
竹竿何袅袅，鱼尾何簁簁！
男儿重意气，何用钱刀为！
——汉·卓文君《白头吟》

卓文君为爱勇敢私奔，在贫困时不离不弃，遇到险情时用智慧换取公平，有见识，敢爱敢恨，当作女子典范，可以膜拜偶像。世界上没有平白无故的寄予赠送，没有不劳而获就能拥有的硕果累累，所有荣耀，都是自己聪明才智的印证。

他为她扶绿绮琴，演奏了一曲缠绵旖旎的《凤求凰》，拨动了帘幕之后佳人的心弦。

她为他放弃锦衣玉食，冲破世俗礼教，如同飞蛾扑火一般毅然与他携手私奔，上演了一幕“文君夜奔”的千古佳话，因为她相信有情便能饮水饱。

当他飞黄腾达后决然抛弃糟糠之妻的她时，她用自己的才情、智慧和勇气挽回了他的心，同时也体面地保持了作为女性的尊严。

两千多年的历史画卷缓缓合上，卓文君和司马相如的身影也早已模糊在岁月的长河里。但属于他们的那一段惊世骇俗的爱情，一再穿越这两千年的雨雪风霜来到你我眼前，这部陈旧的爱情黑白电影向我们缓缓地拉开了帷幕……

有一美人兮，见之不忘

一曲《凤求凰》，曾令多少有情人终成眷属，也让无数的痴男怨女飞蛾投火。在中国历史上，司马相如与卓文君的爱情故事，一直是脍炙人口，流传至今。

据《史记 · 司马列传》记载，司马相如原名司马长卿，因仰慕战国时的名相蔺相如而改名司马相如，渴望能和蔺相如那样名留青史。

当时朝廷实行捐款十万钱以上就可得官的制度，家里给司马相如捐了一个看守城门的小官，希冀他从此走向仕途。

司马相如最擅长的是诗词曲赋，然而汉景帝对此却意兴阑珊。一次偶然的机会司马相如做了汉景帝的武骑常侍，但他很快就发现这个乌纱帽充其量只不过是陪皇帝打猎的小官而已。

初入仕途的司马相如感到非常失落，原本五彩缤纷的豪情壮志逐渐只剩下被命运捉弄的一抹孤影。郁郁寡欢的他只得另辟蹊径，离开汉景帝去投奔赏识自己的梁孝王。

在梁孝王那里司马相如与不少文友以辞赋交心，会友，云游四方，把酒谈天，不但辞赋进步飞速，还享受着锦衣玉食的奢靡生活。

有一次聚餐，兴致颇高的梁孝王提议大家作赋，以酒助兴。轮到司马相如时，一首翠华摇摇仪态万方的《子虚赋》诞生了。

梁孝王被这首风采万千瑰丽无比的词赋彻底征服了，惊叹不已的他当场把自己的心爱之物——一把绿绮琴——送给司马相如。

十年光阴弹指而过，随着梁孝王去世，司马相如的生活也变得穷困潦倒，夜夜笙歌的日子从此一去不复返。

为了生计，孑然一身的司马相如不得不去投靠当县令的好友王吉，希冀从他那里得到资助。

一次，当地头号富翁卓王孙举行了数百人的盛大宴会，王吉与司马相如均以贵宾身份应邀参加。席间，王吉介绍司马相如精通琴艺，众人说：“听说您‘绿绮’弹得极好，请操一曲，让我辈一饱耳福。”于是司马相如就当众以“绿绮”弹了两首琴曲，哪知司马相如的琴曲不仅征服了与会的名士，同时也征服了富豪卓王孙的女儿卓文君。

一代才女卓文君当时年仅十七岁，史书上形容文君的美貌：“眉色远望如山，脸际常若芙蓉，皮肤柔滑如脂”，更兼她善琴，文采非凡。本来卓文君已许配给某一皇孙，不料那皇孙短命，未待成婚便匆匆辞世，所以当时文君算是在家守寡。当司马相如见到卓文君的绝世容颜后，便演奏了这曲《凤求凰》来向卓文君表达爱意。

宴会结束后他让王吉做媒到卓王孙家提亲。卓王孙断然拒绝了这门亲事，因为他知道这位所谓的“蜀中第一才子”不过是一个家徒四壁的落魄文人。

然而这一段缠绵旖旎的凤求凰已让卓文君芳心暗许。两只正处于锦瑟年华的彩蝶，惊醒了莺飞草长的春天。

甘愿冒天下之大不韪，趁着夜色卓文君与司马相如偷偷离开了家乡，演奏了一曲双宿双飞的爱的旋律，共谱一曲“凤

佳人慕高义，求贤良独难
众人徒嗷嗷，安知彼所观

求凰”的佳话。

两人来到了司马相如的故乡蜀都。浪漫激情过后衣食问题旋即摆在两人的面前。心思聪颖的卓文君想出一条妙计，夫妇俩在卓文君的老家临邛县城内开了一家小酒馆，目的是让身为巨贾的父亲觉得亲生女儿当垆卖酒很失面子，到时自然会被迫承认两人的婚事。

知父莫若女，卓王孙终究还是妥协了。他派人送去奴仆百人、百万钱财给卓文君，间接承认了这一桩美事。

从那以后司马相如和卓文君又回到了往日饮酒作赋、琴瑟和鸣的惬意生活。

愿得一心人，白头不相离

不久后司马相如受到汉景帝的赏识，做了中郎将的高官。于是他在京城里每日饮酒赋词，佳人相伴，自然是留恋这种灯红酒绿的生活。

有钱有势的男人终究容易变坏，司马相如也是，此时的他开始觉得自己的妻子人老珠黄，想要纳茂陵女子为妾。卓文君知道后，便给司马相如写了一首《白头吟》：

皑如山上雪，皎若云间月。
闻君有两意，故来相决绝。
今日斗酒会，明旦沟水头。

躞蹀御沟上，沟水东西流。
凄凄复凄凄，嫁娶不须啼。
愿得一心人，白头不相离。
竹竿何袅袅，鱼尾何簁簁！
男儿重意气，何用钱刀为！

曾经患难与共，情深意笃的日子此刻早已忘却，哪里还记得千里之外还有一位日夜倍思丈夫的妻子。终于某日，司马相如给妻子送出了一封十三字的信：“一二三四五六七八九十百千万”。聪明的卓文君读后，泪流满面。一行数字中唯独少了一个“亿”，无忆，岂不是夫君在暗示自己已没有以往过去的回忆了。她，心凉如水，怀着十分悲痛的心情，回《怨郎诗》 旁敲侧击诉衷肠：

一别之后，二地相思。只道是三四月，又谁知五六年。七弦琴无心弹，八行书无可传，九连环从中折断，十里长亭望眼欲穿。百思想，千系念，万般无奈把郎怨。

并附上《诀别书》：

春华竞芳，五色凌素，琴尚在御，而新声代故！锦水有鸳，汉宫有木，彼物而新，嗟世之人兮，瞀于淫而不悟！朱弦断，明镜缺，朝露曦，芳时歇，白头吟，伤离别，努力加餐勿念妾，锦水汤汤，与君长诀！

卓文君用《白头吟》末尾那句“男儿重意气，何用钱刀为？”委婉指责司马相如薄情寡义。作为一名七尺男儿，重情重义是必须的担当，可是你司马相如却这点都做不到。

可聪慧的卓文君并没有一味地指责，她用“愿得一人心，白首不相离”这句话表明自己还是会留给你司马相如最后的宽容和机会，并向其表明自己还爱着他，也不想失去他。

在《诀别书》里卓文君更是用一句“锦水汤汤，与君长诀！”来释放作为女性的尊严——如果你还是一意孤行，那么我与你从此相忘于江湖！

卓文君既没有一味隐忍，又为彼此留下回旋余地，同时也保持了女性的人格尊严。

司马相如看完之后，才猛然惊觉，自己当初看上的不就是卓文君的才华吗？遥想昔日夫妻恩爱之情，羞愧万分，从此不再提遗妻纳妾之事。两人白首偕老，安居林泉。

一个女人，想要一场对等的婚姻，除了势均力敌，志趣相投，还需要三观相符，不断提升自己，自尊，自立，自信，自强，不做稻草人，白头偕老也不是艰难之至的事情。

聪慧如卓文君，才情如卓文君，智勇如卓文君，她总是善于把手里的每一张坏牌打好。

她是一个完美的女神，也是一个不折不扣的人生赢家。

因为她明白，在人生的旅途中，与其抱怨身处黑暗，不如提灯勇往前行。

愿得一人心，首先自己要有一颗卓尔不群的心。

柳如是

皇皇多列士
侠骨让红唇

隐隐河东柳，迎酬尽党人。
序题戊寅草，帐设绛云茵。
殉国艰于死，悬棺矢不臣。
皇皇多列士，侠骨让红唇。
——《访秋水阁吊柳如是》

她的才华惊艳世人。不仅是“秦淮八艳”中唯一有诗集流传的人，而且书画双绝，精通音律，曼妙的舞姿更让人为之倾倒。令世人钦佩的是这位弱女子在清兵的滚滚铁蹄面前毅然挺身而出，全力投入反清复明的事业。难怪三百多年后国学大师陈寅恪先生口授为之列传，颂扬她体现了“民族独立之精神”。她就是“我见青山多妩媚，料青山见我应如是”的柳如是。

柳如是貌美才高，精通琴棋书画，对诗词极有研究，所做的诗词让不少文学名家都甘拜下风，这也是她身边围着一圈文人骚客的原因。她也是秦淮八艳中唯一有诗词流传的人，主要作品有《湖上草》《柳如是诗》和《戊寅草》等。

柳如是有个特点就是性强而泼辣、正直而聪慧，她的气质和魄力也是另外几位艳女望尘莫及。更值一提的便是她的书画，媲美于名家，她的书画素有“铁腕怀银钩，曾将妙踪收”之称，可见她的造旨，无论是文学方面还是艺术修养方面，都是位居八艳之首。

柳如是才气过人，除了文学和艺术成就让人敬佩外，她对国家和民族的责任情怀也是让人肃然起敬，为了国家和民族的利益，她从不吝啬自己的钱财，倾其所有给以支持。她有极高的抱负和担当，常恨自己是一介女子，不能为国家赴汤蹈火和奉献而抱憾。

我见青山多妩媚，料青山见我应如是

柳如是出生在苦寒之家。1625 年，八岁的柳如是被父母卖给开妓院的徐佛妈妈，从此沦落风尘。

稍长，告老还乡的相国周道登来归家院为母亲挑一个婢女，看中了柳如是，又因柳如是才色双绝，竟将柳如是纳为小妾。周道登对柳如是倒也疼爱，状元出身的他经常把柳如是抱在膝上，手把手教她诗书，虽然让柳如是才艺大进，却也招来周道登妻妾们的无穷妒火。不到一年，就联手诬柳如是与男仆私通，差点被逼自尽，多亏周母保她，又将16岁的柳如是送回归家院。

见钱眼开的徐佛马上将柳如是包装成“相府下堂妾”，让柳如是声名大噪，艳名高炽。

但柳如是性本高洁，周旋于文士名流间，不仅举止脱俗，更难得见识不凡，她给自己取名“怜影”，又爱辛弃疾“我见青山多妩媚，料青山见我亦如是”句，将自己更名为“如是”，一是爱惜羽毛，一是希望能遇见相知相爱的良侣。

柳如是眼中妩媚的“青山”，一个个端的不凡。她相爱的第一个男子，是云间名流宋辕文。

宋辕文出身于膏粱世家。自从见到柳如是后他就陷入了单相思之中，经常写情书给柳如是，渴望用才情打动她的芳心。

虽然襄王有梦，可神女还要试探一下对方的真心。一次柳如是约宋辕文一起泛舟到白龙潭游玩，等宋辕文赶来时，船上的柳如是却说自己还未梳妆，如果真有情义的话请跳入

水中等候。

时值隆冬，宋辕文却不畏严寒立即跳入了白龙潭里。他这一忘我的举动彻底感化了柳如是的芳心，从那以后两人日日缠绵，如胶似漆。

可惜这段恋情最终还是被宋辕文的母亲拆散。封建礼制下的家长都喜欢乱点鸳鸯谱，身在世族的宋母怎能容忍儿子与一位烟花柳巷的妓女成为夫妻呢？

生性懦弱的宋辕文最终还是在母亲的反对下妥协了。伤心失望之极的柳如是在宋辕文面前将一把七弦琴挥刀斩断。

虽然芳心已碎，可是内心刚毅的柳如是没过多久就收拾好了心情重新整装出发，每天与松江的文人名士交往，共论时事，“幅巾弓鞋，着男子服”。连著名学者王国维都称赞她“莫怪女儿太唐突，蓟门朝士几须眉。”

此时一个人闯入了柳如是的人生，他就是陈子龙，明末文坛上的一颗耀眼的明星。两人情切意笃，同居于松江南楼，琴瑟和谐，后来陈子龙元配带人闹上南楼，柳如是不甘其辱，毅然离去。后来陈子龙在抗清活动中战败身死，让柳如是身心巨痛。

不久，柳如是离开松江，只身前往杭州。在这个“西湖美景三月天”的人间天堂，柳如是遇见了她生命中真正的归属——钱谦益。钱谦益是当时的文坛巨擘，朝廷的礼部侍郎。

那一年，钱谦益返回老家常熟，途径杭州时去西湖游玩。

有时候缘分就是这么神奇，当时柳如是的一首即兴而作的诗恰巧被钱谦益看到：

垂杨小宛绣帘东，莺花残枝蝶趁风。
最是西冷寒食路，桃花得气美人中。

钱谦益忍不住击节赞叹，他有心想见一见作者，于是一段忘年交开启了旅程。

当时柳如是年仅23岁，而钱谦益已是年届60的老者。但柳如是慧眼识珠，她发现钱谦益为人通达旷放，或许是自己后半生的依附。

钱谦益有东林党领袖、文坛宗主的显赫身份，门生弟子、亲朋故旧，遍及天下，有着巨大的影响力，以如此身价，却娶妓女为妻，在当时绝对称得上惊世骇俗，不论是文坛还是市井，一时噪议纷纷。但钱谦益不以为意，他在杭州西湖最豪华的芙蓉画舫上为柳如是举办隆重的婚礼，花巨资为柳如是建了座精美雅致的小楼，楼中藏书，为江南之冠；将柳如是起居之室命为“我闻室”，用《金刚经》中“如是我闻”句，扣合柳如是的名字。

日常生活中，钱谦益称柳如是为“河东君”，有时还称她为“柳儒生”，家事全权交由柳如是掌控，家人必须称柳如是“夫人”，不得称“姨娘”等带歧视性称呼。柳如是虽不是正室，礼遇之隆之重，胜过了正室元配。

才情高八斗，胆识过须眉

1644年3月，崇祯皇帝吊死煤山，之后清兵入关占领北京。福王朱由崧在一些大臣的拥戴下逃到南京建立了一个小朝廷，这就是历史上的南明弘光政权。弃置长达16年的钱谦益被纳入小朝廷，成为担任礼部尚书的重臣。

清兵南下，一路势如破竹，挡其锋芒者死，南明重臣，纷纷望风而降，以求富贵。奉新朝，还是忠旧主，是摆在钱谦益面前的大问题。

钱谦益犹豫狐疑时，柳如是却是心明如镜，别人可以降，钱谦益却万万降不得。钱谦益除了官职，还有东林党领袖、文坛宗主的身份，是门生故吏、天下文人的表率，儒家一脉相传，居中华核心，以千年计，皇权可变，道统不能绝！钱谦益如果降清，就像是中华文化道统被抽掉了脊梁。所以，钱谦益只能死，不能降！

柳如是特意置办了一桌酒席，与钱谦益掏心剖肝长谈，说钱“此时应当取义全节，以副盛名”。又说“君殉国，妾殉夫”，表示要与钱谦益一同赴死。

第二天，柳如是携钱谦益去湖边，准备投水而死，谁知钱谦益伸手探了探水温，说：“水太凉，改日再来吧！”柳如是说：“水冷又何妨！”钱谦益手一摊：“老夫体弱，不堪寒凉！”柳如是想不到钱谦益如此没有节操，气得径直往湖水冲去，被钱谦益一把托住。

柳如是没有死成，便要钱谦益“隐居世外，不仕新朝，也算对得起故朝了。”钱谦益明里答应，暗地里却剃发留辫，率领文武百官出城降清。

钱谦益这样的文坛领袖一降，天下文人士子，再也没有节操道义好讲，一时降者如云，从此，明朝不仅政权垮塌，文化上的防线也荡然无存。

看着钱谦益只恋眼前富贵，完全不顾身后名声，柳如是心如刀扎，却也无可奈何。

入秋后，清廷命江南降官入京授职，一时间，赴京接受新朝官员的士子络绎于途，浩浩荡荡，如过江之鲫。

这些降官都带着家眷入京，唯独柳如是不肯陪钱谦益赴京，却穿一身红袍前来相送。红者，朱也，意在不忘明朝，路上的降官见了，一个个惭愧得低下了头。

钱谦益本以为自己如此身份，必能得清朝重用，但清朝只给他一个编修明史的小官，钱谦益实在无趣，还得背着失节负义的骂名，不到半年，便称病辞官，回到南京。清朝却对他一点也不放心，严命地方官员监视钱谦益的行为，又过了不到半年，竟然派人将钱谦益押送北京，收入大牢。

这次，柳如是亲赴北京，各方打点，将钱谦益救出天牢。

经此变故，钱谦益终于明白柳如是“生死事小，失节事大”的深意，但这时，他就是想死也迟了，只有通过自己的言行，来洗刷身上的污点。

他带着柳如是隐居在西子湖畔，除了钻研学问，便是与各地反清复明势力暗中联络，为他们研判形势，出谋划策，甚至多次写信策动手握兵权的门生反清，柳如是坚定地支持钱谦益，多次身着儒服参与行动中，还在家中接待过前来联络的反清领袖郑成功，不论是大义还是抗清策略，与郑成功很是谈得来！

随着反清活动的一次次失败，钱谦益反清复明的信心也日渐消失，多亏柳如是相伴在侧，为他失意落寞的晚年添了些亮色。

柳如是，虽是一名烟花女子，却有着男子般刚毅果断。对向往的爱情，她如同飞蛾扑火般勇敢去争取，全然不顾世俗的羁绊，在俗世浊尘中保持着傲骨清风。

除此之外柳如是还有着弥足珍贵的民族大义，全然不同于不知亡国恨的商女。后人在惊叹这位乱世佳人的旷世才貌之际，更为她不畏强权、坚守民族气节的家国情怀深深折服。

她这一生最在意的并不是荣华富贵、钟鸣鼎食的生活，而是作为一名女人的尊严，以及民族的尊严。为此她愿意付出一切。她这一生，犹如盛开在隆冬的梅花，高洁纯美，暗藏在偏僻的墙角里散发着阵阵幽香。

柳如是天生丽质，声名四播，虽沦落烟尘，若以才色经营，虽身逢乱世，也能求一生富贵平安，但她却避开烟花之盛，以真性情，活得大苦、大痛、大悲，却也活出了壮烈、刚毅、大义凛然。

吕碧城

绛帷独拥人争美 到处咸推吕碧城

飞将词坛冠众英，天生宿慧启文明。
绛帷独拥人争羡，到处咸推吕碧城。
——佚名

她被赞为“近三百年来最后一位女词人”，与秋瑾被称为“女子双侠”，诗人、政论家、社会活动家、资本家。20世纪头一二十年间，中国文坛、女界以至整个社交界，曾有过“绛帷独拥人争美，到处咸推吕碧城”的一大景观。

在书香门第家庭长大的吕碧城，自幼聪慧晓事，酷爱读书，兼之又有极高的文学天赋，很快就奠定了较好的国学底子，初露才华后，尽管遭遇了不少阻力，仍豪气满满地步入文学创作及“事业”发展的康庄大道，取得硕果累累的“双丰收”。

她的文学成就不斐。不仅有《吕碧城集》《信芳集》《欧美漫游录》《晓珠词》《雪绘词》《香光小录》等作品问世，誉为"近三百年来最后一位女词人"。

代表作《祝英台近》曾感染了无数读者：

缒银瓶，牵玉井，秋思黯梧苑。

蘸渌搴芳，梦堕楚天远。

最怜娥月含颦，一般消瘦，又别后、依依重见。

倦凝眄，可奈病叶惊霜，红兰泣骚畹？

滞粉黏香，绣屧悄寻遍。

小栏人影凄迷，和烟和雾，更化作、一庭幽怨。

她的事业发展更如璀璨的明珠，熠熠生辉。吕碧城不仅是民国第一位女性撰稿人，第一个女编辑，还是第一位动物保护主义者，女权运动发起人之一，女子教育的先驱。

这样一位集大成的奇女子，人生之路却是鲜花与泪水同在，荆棘与落霞齐飞，充满了传奇色彩。

青春岁月倡女权

吕碧城，一名兰清（一说原名吕贤锡），字遁夫，号明因，后改为圣因，晚年号宝莲居士。生于清光绪九年（1883年），安徽旌德书香门第。吕碧城9岁议婚于同邑汪氏，10岁订婚，1895年吕碧城12岁（一说13岁）时，吕父光绪进士吕凤歧去世，吕碧城的母亲从京城回乡处理祖产，由于吕家一门生四女，并无男子，族人便以其无后继承财产为名，巧取豪夺，霸占吕家财产，唆使匪徒将母亲劫持。吕碧城在京城听到了消息，四处告援，给父亲的朋友、学生写信求助，几番波折，事情终于获得圆满解决。

此事却也让与吕碧城有婚约的汪家起了戒心，认为小小年纪的吕碧城，竟能呼风唤雨，于是提出了退婚要求，吕家孤女寡母不愿争执，答应了下来，双方协议解除了婚约。然而在当时女子被退婚，是奇耻大辱，对其今后对婚姻的心态产生了一定影响。

家庭破落，婚约解除后，她不得不随同母亲远走娘家，吕碧城的母亲带着四个尚未成人的女儿投奔在塘沽任盐运使的舅父严凤笙。

自1860年天津开埠，设立九国租界，西学东渐，自然科学和实用技术为核心的西方教育模式，潜移默化地传入天津。1900年义和团运动后，清政府力行新政，教育上提出“兴学育才实为当务之急”的主张，通令各省大力举办新式学堂。

随着西方民主思想的输入，中国女性开始觉醒，“张女权，兴女学”，争取男女平等权利和女子受教育权利，为当时妇女解放运动的潮流。1903 年，直隶总督袁世凯急招天津早期的教育家傅增湘担纲兴办天津女子学堂。年轻的吕碧城当时深受这股风潮的影响，遂有了奔赴女学的念头。

1903 年，吕碧城想去天津城内探访女子学校，被保守舅父严辞骂阻，说她不守本分，要她恪守妇道，年轻气盛的吕碧城下定了不再委曲求全、苟且度日的决心，第二天就逃出了家门，只身“逃登火车”，奔赴天津。不但没有旅费，就连行装也没来得及收拾。一个富家女子独自出门，这在当时也算得上是惊世骇俗之举。而此次出走，正是吕碧城登上文坛的开始，也是她与各界名人交往的开始。

身无分文、举目无亲的吕碧城，在赴津的列车中，幸遇好心人佛照楼的老板娘，将其带回家中安顿下来。当得知舅父署中方秘书的夫人住在《大公报》社，吕碧城便给方太太写了封长信求助。此信巧被《大公报》总经理英敛之所见，英敛之一看信，为吕碧城的文采连连称许。不仅如此，英敛之亲自前往拜访，问明情由，对吕的胆识甚是赞赏，邀吕到报馆内居住，受聘为《大公报》第一名女编辑。

吕碧城到《大公报》仅仅数月，在报端屡屡发表诗词作品，格律谨严，颇受诗词界前辈的赞许。她又连续撰写鼓吹女子解放与宣传女子教育的文章，如《论提倡女学之宗旨》《敬告中国女同胞》《兴女权贵有坚忍之志》等，在这些文章中，吕碧城指出，“民者，国之本也；女者，家之本也。凡人娶妇以成家，即积家以成国”，“有贤女而后有贤母，有贤母而后有贤子，古之魁儒俊彦受赐于母教”“儿童教育之入手，必以母教为根基”“中国自嬴秦立专制之政，行愚民黔首之术，但以民为供其奴隶之用，孰知竟造成萎靡不振之国，转而受异族之压制，且至国事岌岌存亡莫保……而男之于女也，复行专制之权、愚弱之术，但以女为供其玩弄之具，其家道之不克振兴也可知矣。夫君之于民、男之于女，有如辅车唇齿之相依。君之愚弱其民，即以自弱其国也。男之愚弱其女，即以自弱其家也。”

同时吕碧城还指出，“维护旧礼法之人闻听兴女学、倡女权、破夫纲之说，即视为洪水猛兽，其实是为误解，“殊不知女权之兴，归宿爱国，非释放于礼法之范围，实欲释放其幽囚束缚之虐奴；且非欲其势力胜过男子，实欲使平等自由，得与男子同趋文明教化之途；同习有用之学，同具刚毅之气……合完全之人，以成完全之家，合完全之家以成完全

之国”。提倡女子教育，就是要通过新文化和新文明的洗礼，使旧礼教桎梏下的女子成为“对于国不失为完全之国民”“对于家不失为完全之个人”的新女性，最终“使四百兆人合为一大群，合力以争于列强。”

吕碧城的这些观点在社会上一石激起千层浪，引起了强烈的社会反响，成为人们街头巷尾热议的话题。她在诗文中流露的刚直率真的性情以及横刀立马的气概，深为时人尤其新女性们所向往和倾慕。一时间，出现了“绛帷独拥人争羡，到处咸推吕碧城”的盛况。从此，吕碧城在文坛上声名鹊起，走上了独立自主的人生之路。

1904 年到 1908 年，吕碧城借助《大公报》这一阵地，积极地为她的兴女权、倡导妇女解放而发表大量的文章和诗词，她结识了大批当时的妇女解放运动领袖人物，与秋瑾尤其交好。1904年5月，秋瑾从北京来到天津，慕名拜访吕碧城。两人此番相会不足四天，情同姊妹，订为文字之交。两位新女性间的一段因缘佳话，成就了一段“双侠”的传奇。

吕碧城连续发表的鼓吹女子解放的文章，震动了京津，袁世凯之子袁克文、李鸿章之侄李经义等人纷纷投诗迎合，推崇备至，一时间，京津文坛，形成了众星捧月的局面。她以女儿之身，大方地与男人们交游，唱和诗词，赏玩琴棋，自由出入自古男性主宰的社交场所，谈笑风生，成为清末社会的一道奇谈。

建设女学图强国

除了在《大公报》积极宣扬女权，做妇女解放思想的先行者，在办女学的实践上，吕碧城积极筹办北洋女子公学。吕碧城发表多篇言论以作舆论宣传，宣扬兴办女学的必要性和重要性。她把兴女学提到关系国家兴亡的高度，以此冲击积淀千年的“三从四德”“女戒女训”“女子无才便是德”的陈腐观念。反过来说，女权运动的兴起，恰恰证明了社会上男女观念的不平等，“欲使平等自由，得与男子同趋于文明教化之途，同习有用之学，同具强毅之气。”吕碧城认为办女学开女智、兴女权才是国家自强之道的根本。

为了实践自己的理论，吕碧城积极筹办女学，崭露头角的吕碧城活跃于天津的知识阶层，结识了严修、傅增湘、卢木斋、林墨青等津门名流，以求支持和帮助。傅增湘很欣赏吕碧城的才华，想要她负责女子学堂的教学。于是，英敛之带着吕碧城遍访杨士骧、唐绍仪、林墨青、方若、梁士诒、卢木斋等在津的社会名流，着手筹资、选址、建校等工作。

在天津道尹唐绍仪等官吏的拨款赞助下，1904 年 9 月，“北洋女子公学”成立，11 月 7 日，天津公立女学堂在天津河北二马路正式开学。《大公报》次日报道：“昨日午后二点钟，由总教习吕碧城女师率同学生 30 人，行谒孔子礼。观礼女宾日本驻津总领事官伊集院夫人……男宾 20 余位。诸生即于是日上学。”吕碧城担任总教习，负责全校事务，兼任

吾家有娇女，皎皎颇白皙
小字为纨素，口齿自清历

国文教习。按照英敛之、吕碧城等人的意见，学校定名为“北洋女子公学”。在傅增湘的“学术兼顾新旧，分为文理两科，训练要求严格”的办学方针的指导下，1906 年春天，北洋女子公学增设师范科，学校名称遂改为北洋女子师范学堂，租赁天津河北三马路的民宅作为校舍，第一期只招学生 46 人，后又在津、沪等地招生 67 人，学制一年半，称为简易科。

北洋女子师范学堂针对中国女性数千年来身体被摧残、心灵被桎梏、智识不开明的状况，吕碧城在学校的教育和管理上，提出了让学生在“德、智、体”三方面全面发展的方针。“德”在首，是因为无道德，徒具知识，只能“济其恶，败其德”；但同时又必须重智识教育，因为智识不开，则事理不明，道德也就无从谈起；重视“体育”，是为了让学生在拥有健康人格的同时，也能拥有健康的身体。对于“德”的认识，吕碧城也别具一格：“世每别之曰女德，推其意义，盖视女子为男子之附庸物，其教育之道，只求男子之便利为目的，而不知一世之中，夫夫妇妇自应各尽其道，无所谓男德女德也。”

尽管上海的经正女学堂创办于1898年，但究其性质而言，不过是家塾式的私立女学堂。直到北洋女子公学的成立，中国才有了真正意义上的公立女子学校。但实际上，该校仍然是一所贵族女子学校，就学的大多是官宦、富商人家的闺秀。这其中的主要原因，正如吕碧城所说，是因为大部分人家“仍守旧习，观望不前”，即使有人愿意让自己的女儿上学，也是“各于家塾自相教学焉”。如此一来，随着官员的来往调任，学生经常中途离去，所以，尽管上学的学生不在少数，但能够真正完成学业的就寥寥无几了。

吕碧城执掌女子学校总教习一事，在社会上曾轰动一时。1909 年，陈庚白（后为南社著名诗人）13 岁，就读于天津客籍学堂，仰慕吕碧城的大名，曾暗中前往女子学堂窥伺其风采。后来任总统府秘书的沈祖宪，曾称吕碧城为“北洋女学界的哥伦布”，赞赏其“功绩名誉，百口皆碑”。

秋瑾也曾经用过“碧城”这一号，京中人士都以为吕碧城的诗文都是出自秋瑾之手，两人相见之后，秋瑾“慨然取消其号”，原因是吕碧城已经名声大著，“碧城”一号从此应当为吕碧城专用。

交谈中，秋瑾劝吕碧城跟她一起去日本从事革命运动，而吕碧城“持世界之人，同情于政体改革”，愿意继续留在国内办报，以“文字之役”，与秋瑾遥相呼应。此后不久吕碧城在《大公报》上发表的《兴女权贵有坚韧之志》《教育为立国之本》两篇文章，都在不同程度上表现出秋瑾的影响。1907 年春，秋瑾主编的《中国女报》在上海创刊，其发刊词即出于吕碧城之手。

1907 年 7 月 15 日，秋瑾在绍兴遇难，无人敢为其收尸，中国报馆“皆失声”，吕碧城设法与人将其遗体偷出掩埋，又在灵前祭奠。她后来南游杭州，又拜谒了秋瑾墓，不禁感慨万端，作一首《西泠过秋女侠祠次寒山韵》，追怀这位志同道合的挚友。之后，吕碧城用英文写了《革命女侠秋瑾传》，发表在美国纽约、芝加哥等地的报纸上，引起颇大反响，也使自己陷于险境。吕碧城与秋瑾的交往也引起了官方注意，以致直隶总督袁世凯一度起了逮捕吕碧城的念头。介于找不到更多的借口，才没有实行。

1908年，北洋女子师范学堂又招完全科，学制四年。同年夏，北洋客籍学堂停办，遂将其地纬路新址让与北洋女子师范学堂，该学堂渐具规模。由傅增湘提名，吕碧城出任该校监督（即校长），为历史上中国女性任此高级职务的第一人。

吕碧城在这所当代女子的最高学府，从教习提任到学校的监督，待了七、八年。她希望培养的学生将来也致力于教育和培养下一代，“为一个文明社会的将来尽各自的力量”。她把中国的传统学问与西方的自然科学知识结合起来，使北洋女子公学成为中国现代女性文明的发源地之一。她希望她所培养的学生将来也能致力于教育和培养下一代，为一个文明社会的到来尽各自的力量。在此学习的许多学生后来都成为中国杰出的女权革命家、教育家、艺术家，如刘清扬、许广平、郭隆真、周道如等，她们都曾听过吕碧城授课。周恩来的夫人邓颖超曾经在这里亲聆吕碧城授课。1912年中华民国成立后，北洋女子公学停办，后改为河北女子师范学校，吕碧城离职，她移居上海游世界。

吕碧城认为在这竞争的世界，中国要想成为一个强国就必须四万万人合力，因此不能忽视二万万女子的力量。解放妇女，男女平权是国之强盛的唯一办法。她希望用自己的力量影响世人，济世救民。

1912 年，袁世凯在京登上民国总统宝座，吕碧城凭借与袁世凯的旧交，出任总统府机要秘书，后又担任参政一职。她欲一展抱负，但黑暗的官场让她觉得心灰意冷，等到 1915 年袁世凯蓄谋称帝野心昭昭时，吕碧城毅然辞官离京，移居上海。她与外商合办贸易，两三年间，就积聚起可观财富，在上海静安寺路自建洋房别墅，其住宅之豪华，生活之奢侈，为沪上人士所艳羡生妒。可见同时也有非凡的经济头脑。

1918 年吕碧城前往美国就读哥伦比亚大学，攻读文学与美术，兼为上海《时报》特约记者，将她看到的美国之种种情形发回中国，让中国人与她一起看世界。四年后学成归国，1926 年，吕碧城再度只身出国，漫游欧美，此次走的时间更长，达 7 年之久。她将自己的见闻写成《欧美漫游录》（又名《鸿雪因缘》），先后连载于北京《顺天时报》和上海《半月》杂志。吕碧城两度周游世界，写了大量描述西方风土人情的诗词，脍炙人口，传诵一时。

1928 年，她参加了世界动物保护委员会，决计创办中国保护动物会，并在日内瓦断荤。1929 年 5 月，她接受国际保护动物会的邀请赴维也纳参加大会，并盛装登台作了演讲，与会代表惊叹不已。在游历的过程中，她不管走到哪里，都特别注重自己的外表和言行，她认为自己在代表中国二万万女同胞，她要让世人领略中国女性的风采。此后，她周游列国，宣讲动物保护的理念，成为这一组织中最出色的宣传员。

吕碧城的诗词文章，手笔婉约，敏感玲珑，别见雄奇，却又暗蓄孤愤，曾产生很大的影响。柳亚子称她“足以担当女诗人而无愧”；词学家龙榆生称誉她是“凤毛麟角之才女”；诗人易实甫认为其“诗文见解之高，才笔之艳，皆非寻常操觚家所有也”。她毕生用文言写作，时光变迁，其文名渐被湮没。时至今日，这位民国女侠，已鲜为人知了。

何香凝

数萼初含雪 孤标画本难

数萼初含雪，孤标画本难。
香中别有韵，清极不知寒。
横笛和愁听，斜枝倚病看。
朔风如解意，容易莫摧残。
——唐·崔道融《梅花》

美丽的女子令人喜欢，坚强的女子令人敬重，当一个女子既美丽又坚强时，她将无往不胜。何香凝就是这样的女子。在民国激荡的年代里，一片荆棘缠身，但她从不屈服，用自己的力量改写人生命运甚至民族发展的轨迹，在女权运动中一路先行，诠释了一个女人内外兼修的最好样子。

辛亥前后参加各种革命活动的女性，有姓名可查的有380多人，其中有较大影响力的有180多人，实际参加同盟会的只有54人。在这54人当中，能够把革命与参政贯穿始终，并且跨越国民党与共产党两个时代的，只有何香凝一人。

何香凝是中国民主革命的先驱，著名的国民党左派，妇女运动的领袖，画坛杰出的美术家。她早年追随孙中山，是同盟会的第一批女会员；她坚持孙中山的三大政策，真诚地同中国共产党合作；她发动妇女参加革命，为国内革命战争、抗日战争做出了卓越贡献；她把艺术创作与革命活动紧密联系，她的作品中充满斗争激情、浩然正气。

年少果敢非凡，不被世俗束缚

1878年出生于豪门大家的何香凝，父母对于她的期待是，成为游走于“上流社会”优雅又精致的名媛淑女。

当时的大家千金，各个都缠着小脚，那个时代，小脚才是千金小姐优雅美丽的代表。

于是，在香凝7岁的时候，母亲就开始给她缠脚。

一圈一圈的捆绑，压抑住脚的自然生长，无疑是痛苦的。除了身体上的痛苦，香凝更为痛苦的是，她不自由了。

她无法像以前那样和小伙伴们蹦蹦跳跳地玩耍，再也不能到田野里捉虫子，爬山遍野地奔跑了……

到了晚上夜深人静的时候，香凝就用剪刀把裹脚布剪断，将那束得紧紧的、长长密密的裹脚布剪成飞花蝴蝶。

但没过多久，就被母亲发现了，并把剪刀给搜走了。

没了剪刀，香凝就拿出了自己平时积攒下来的钱，再买了一把，并藏起来，到晚上的时候，继续把裹脚布剪断。

何香凝面对困境顽强不屈的精神，在那时，初见端倪。

多次下来，父母也拿“执拗”的香凝没有办法，只得由她去，很多年以后，当她回忆起这一段童年时光，是“到处飞奔，上山爬树，非常快活”的。

《明朝那些事儿》中有这样一句话：成功只有一种，就是按照自己的方式，去度过人生。

年少的何香凝早早地就明白这个道理，在混乱的时代里，凭借着不屈的意志和果敢，逆流而上。

自爱者，方能为人所爱

年少时展示出的非凡才华让香凝在众多兄弟姐妹中脱颖而出。17 岁时，父亲就让她担任自己的经济助手，承担起管理家庭财务的工作。

然而另一方面，父母也在为香凝的婚事忧心忡忡。

在以小脚为美的年代，一双精致的小脚就是通往一段好婚姻的敲门砖。

而何香凝的一双大脚早已传遍大街小巷，人们甚至称她为“大脚婆”。这对当时的大家闺秀来说，无疑是一种“污点”。

纵然家庭甚好，一双天足，也只能让媒人和豪门公子们望而却步。

恰逢此时刚从旧金山回国的廖家公子，正好要找一位不受传统礼教束缚的非缠足女子。

接受过新思想的廖仲恺，将众多名媛淑女拒之门外，只因她们都是缠过足的。若是娶了小脚女子，则意味着自己对传统封建礼教妥协。

当时上层社会的千金小姐，几乎个个都是缠足过的小脚女子，拥有未曾被人为压制生长的自然之脚，也大概只有何香凝一人。

于是，19 岁的何香凝和 20 岁的廖仲恺一同走进了婚姻的殿堂。

一个是温润醇厚的进步青年，一个是独立英气的灵动才女，在日积月累的相处中，渐渐被对方吸引，并产生了情深一生的爱情。

何香凝爱读书，廖仲恺就设法搜罗各式各样她喜欢的书籍，也帮她开疑解惑。他们共同研习诗词，讨论时事，甚至是一起找到了共同奋斗一生的理想追求。

一段真正好的婚姻，大概就是如何廖二人般，造就了更好的对方，彼此惺惺相惜，共同勉励前行。

夜晚，皎洁的月光照进小屋，夫妻二人就一边赏月，一边吟诗作赋，颇有当初李清照赵明诚“赌酒消得泼茶香”的情趣意味。

月色清澈透亮，身边有与自己志趣相投的爱人，何香凝触景生情，提笔写下：

“愿年年此月，人月双清。”

他们的小屋因而取名“双清楼”，两人的诗画集也取名《双清诗画》，以此来纪念这段美好的时光。

有人评价他们的婚姻，是“天下无巧不成书”的天足缘，何香凝的一双大脚让她收获了知己爱人和美满的婚姻。

其实，真正意义上，让何香凝遇到廖仲恺的不仅仅是那一双未经缠足的大脚，更是她超脱一般女子的思想格局。

人生最苦的时候，也是最坚强的时候

19 世纪末，清政府走向腐朽、衰败，民族危机也进一步加深。

此时的廖仲恺也在一心寻求革命之法，力图拯救处于水深火热的祖国。

他想到日本去留学，一来那有众多革命者聚集，二来也能从这个成功变法的民族探寻救国真理。

为了凑齐廖仲恺日本留学的资费，何香凝变卖掉自己大部分的珠宝、首饰等嫁妆。

她非常支持丈夫，甚至追随着丈夫走上了这条布满荆棘的革命之路。因为，这不仅仅是廖仲恺的理想，更是她一生的追求抱负。

在日本，夫妻二人结识了孙中山，并与之建立了同盟会，一路追随着他的革命救国事业。

同盟会联络通讯、商讨革命之事都是在何廖夫妻在东京的寓所里进行的。

为了工作的保密，他们在日本请的帮佣因为工作的保密性也不得不辞去。曾经十指不沾阳春水的九小姐，不得不亲自洗手做羹汤，为这群革命人士做起后勤工作。

他们的房子，成为了同盟会日常工作的聚集地。

这也意味着，他们一家人，包括宝贝女儿，时时刻刻都处于巨大的危险当中。

但为了落后、愚昧、封建脱离这片土地，为了祖国能如雄狮般觉醒，再苦再难、甚至是有生命危险的生活，何香凝都“甘心忍受，乐之不倦”。

1922 年，留守广州的粤军总司令陈炯明叛变，扣押囚禁了廖仲恺。

何香凝四处奔走，向人打探丈夫的下落。

几经周折，她终于在石井兵工厂见到了被囚禁中的廖仲恺。

廖仲恺衣着凌乱，手、腰和脚都被铁链捆住在了一张铁床上。一道道被铁链磨出的伤痕，还有被汗污浸透的衣衫。

看到丈夫这个样子，何香凝心如刀割，曾经一向坚强的女子，也忍不住悲痛的情愫。

回来之后，她到处向人求助，想营救出自己的丈夫。但能求的人都求了，却只有冷冰冰的“没办法”。

一个月的奔波，何香凝心力交猝，甚至患上痢疾，不得不住进医院治疗。

丈夫尚在狱中饱受折磨，加之身体上的疼痛，此时的她，几近奔溃。

当得知陈炯明要杀害廖仲恺的时候，她再顾不上自己的身体，立马从病床上起来，再打探消息和想办法。

在何香凝第三次看望廖仲恺的时候，廖仲恺将一张纸条递给香凝。

纸条上是一封关于生死的诀别信，廖仲恺在上面对香凝写道：“后事凭君独任劳，莫教辜负女中豪”。

这是何香凝一生中最苦的时候，也是她一生中最坚强的时候。

几经辗转打听，何香凝终于得到了8月陈炯明要在白云山主持会议的消息。

1922年8月18日，大雨滂沱中，何香凝一身湿衣，冲进陈炯明的会场。

陈炯明心中一惊，立马为何香凝倒上一杯白兰地，香凝拿起来一饮而尽。

陈炯明又叫来人带香凝去换衣服，何香凝看穿了他的虚情假意，瞪着眼睛对他吼道：“衣湿有什么要紧，我今天来，做好了血湿的准备！”

面对在场冷肃的军官们，何香凝毫不畏惧，厉声道来陈炯明扣押廖仲恺的无理无据和不仁不义。

我今天上山就没打算全身而退，至于廖先生，随便你们让他活让他死，但我一定要你们给我一个答复：究竟是放，还是杀！要杀，就随你们便；要放，就叫他跟我一同回家。

何香凝的气场震慑住了在场的所有人，陈炯明担心把事情闹大，只好放人。

后来，当何香凝回忆起这件事，她说，这是她一生中取得的最大的胜利。

独立的灵魂里有着不屈的自我

何香凝还有一个常为人称道的身份——画家。

她第一次正式学习画画时，是和丈夫在日本留学的时候。

孙中山先生建议她学习画画，以画作来解放被封建文化桎梏已久的国人的思想。

为了国人的需要，为了心中的理想志向，何香凝进入到日本女子美术大学正式学习画画。

此时的她，已是两个孩子的母亲。

画画和文字一样，都是抒发情绪的艺术。何香凝在画画中，寄托的是一颗高尚神圣的爱国之心。

她最喜爱画狮子和老虎，“以示各族人民应如睡狮之觉醒，如猛虎之雄伟。”

她也为女儿取名为梦醒，寓意祖国如雄狮觉醒。

1931 年，“九一八”事变爆发，蒋介石却不打算抵抗。正旅居于德国的何香凝听到这个消息，马上赶回国内，呼吁国人启动自救的行动，甚至，还将自己多年的画作和珍藏的书画拿来义卖，组织了“救济国难书画展”。

当炮火声在国内响起的时候，何香凝便和宋庆龄一起冒着危险赶到前线，携手创立了妇女抗战后援会。

此时的何香凝为了支援抗日战争花掉了大半的积蓄，加之又要照顾三个孩子，日子过得十分艰苦。

在她最难的时候，蒋介石派人送来 100 万元。傲骨如香凝，又怎会接受，她将钱退回，并附上一句诗：

闲来写画谋生活，不用人间造孽钱。

何香凝的一生，面对了许许多多的艰难险阻，但无论前路如何坎坷，她都未曾放弃，也从不向命运屈服。

她一路逆流而上，撕下了世俗对女人的标签，雌雄共体，既是“猛虎”，也是“寒梅”。

在混乱的时代里，活成了最真实的自己，也获得了最有价值的一生。

江竹筠

粉骨碎身全不怕
要留清白在人间

千锤万凿出深山，烈火焚烧若等闲。
粉骨碎身全不怕，要留清白在人间。
——明·于谦《石灰吟》

在狱中经历各种酷刑后，难友们则把她称为“中国的丹娘”。其中何雪松代表全体难友献给江竹筠的诗这样赞颂道：“你是丹娘的化身，你是苏菲娅的精灵，不，你就是你，你是中华儿女革命的典型。”这首诗在渣滓洞牢房里被传诵一时。

据《红岩》作者之一的杨益言回忆，当年毛泽东观看空政文工团演出的歌剧《江姐》时，看到壮烈牺牲那场戏，他禁不住动了感情，曾感慨而又不无遗憾地对身边的工作人员说："为什么不把江姐写活？我们的人民解放军为什么不去把她救出来？"江姐就象红岩上傲立雪中的红梅花一样，在中国的革命史上永放光彩。

正是像江竹筠一样的共产党人，怀着对共产主义的崇高信仰，才不会向敌人屈服。信仰就是一种忠诚，一种希望，一种理想，它给人不畏牺牲的精神，给人崇尚光明的力量。人生缺乏信仰，就会变得浮躁。在物欲甚嚣尘上的今天，我们更需要有坚定的信仰。

黎明前的黑暗

1920 年 8 月 20 日，江竹筠生于四川省自贡市大山铺江家湾的一个农民家庭。8 岁时，性格刚强的母亲与游手好闲

的父亲不能相处，便带着江竹筠姐弟到重庆投奔兄弟。10 岁到重庆的织袜厂当了童工，因为人还没有机器高，老板就为她特制了一个高脚凳。

1939 年考入重庆的中国公学，秘密加入了共产党。入党后，江竹筠酷爱马列主义理论，向往革命圣地延安。但这时党却要她留在重庆作通讯联络工作。这需要一个不为人注目的职业作掩护，因此，党组织指示她要学习会计，学拨算盘珠子，她毫不犹豫，听从组织安排。

1941 年江竹筠再次考入当时由黄炎培创办的中华职业学校。作为一名年轻的共产党员她隐瞒着自己的身份在学校开展工作。

1941 年夏末，重庆。二十一岁的江竹筠从中国公学附属高中和中华职校会计训练班毕业，被川东特委调任重庆新市区区委委员，负责组织学生运动、发展新党员，同时兼任市委机关报《挺进报》的发行工作。

1943 年年底中共重庆市委书记王璞出于安全考虑，认为彭咏梧需要一个良好的掩护环境，要他在重庆安一个家。然而他一时无法与云阳的妻子谭正伦取得联系，但这事牵涉到工作，又不能久拖不决。于是，市委在重庆的女同志中间反复物色、挑选，最后决定指派江竹筠接受这个令她惊诧而又羞涩不已的任务——给彭咏梧做“妻子”兼助手。他们一开始相见、共事，竟然是在一起假扮夫妻，朝夕相处，共同生活。他们的家庭是重庆市委的秘密机关和地下党组织整风学习的指导中心。她的主要任务是为彭咏梧做通信联络工作。

1945 年，她与彭咏梧结婚，后留在重庆协助彭咏梧工作，负责处理党内事务和内外联络工作，从那时起，同志们都亲切地称她江姐。

1946 年毕业后她回到重庆，参加和领导学生运动。4 月，江竹筠难产，被班上的女同学送进了医院，此时彭咏梧不在她身边，她自作主张做出了剖宫产和绝育两个手术同时进行的决定。彭咏梧事后赶到成都看望她和刚出生的儿子小彭云时，为她的勇敢、果断和牺牲精神感动不已。

1947 年春，中共重庆市委创办《挺进报》，江竹筠具体负责校对、整理、传送电讯稿和发行工作。后来，彭咏梧任中共川东临委委员兼下川东地委副书记。江姐以川东临委及下川东地委联络员的身份随丈夫一起奔赴武装斗争第一线，负责组织大中学校的学生与国民党反动派进行斗争。

1948 年春节前夕，彭咏梧在组织武装暴动时不幸牺牲，头颅被敌人割下挂在城门上示众。江姐强忍悲痛，毅然接替丈夫的工作。她对党组织说：“这条线的关系只有我熟悉，别人代替有困难，我应该在老彭倒下的地方继续战斗。”

1948 年 6 月 14 日，由于叛徒出卖，江姐不幸被捕，被关押在重庆渣滓洞监狱。国民党军统特务用尽各种酷刑：老虎凳、辣椒水、吊索、带刺的钢鞭、撬杠、电刑，甚至残酷地将竹签钉进她的十指，急欲从这个年轻的女共产党员身上打开缺口，破获领导川东暴动的党组织和重庆中共地下党组

贪华风雨中，眒忽数百适
务蹑霜雪戏，重綦常累积

织。面对敌人惨无人道的酷刑摧残和死亡威胁，江姐始终坚贞不屈，“你们可以打断我的手，杀我的头，要组织是没有的。”“毒刑拷打，那是太小的考验。竹签子是竹子做的，共产党员的意志是钢铁！”

1949 年 11 月 14 日，在重庆即将解放前夕，江姐被国民党特务杀害于渣滓洞监狱，牺牲时年仅 29 岁。

红色遗书

江姐在临刑之前写下了一封托孤遗书，是写给安弟（江姐的表弟谭竹安）的，当时江姐是用筷子磨成竹签做笔，用棉花灰制成墨水，写下这封遗书，信里满载着江姐作为一名母亲，对儿子浓浓的思念之情。

2007 年 11 月 14 日，在江姐牺牲 58 周年这天，这封人称“红色遗书”的文物终于在三峡博物馆向世人揭开了尘封已久的秘密。

信中大概说道：“我们有必胜和必活的信心，自入狱日起（上一年 6 月），我就下了两年坐牢的决心，现在时局变化的情况，年底有出牢的可能，我们在牢里也不白坐，我们一直是不断的在学习，我们到底还是虎口里的人，生死未定，假若不幸的话，云儿（指江竹筠、彭咏梧两烈士的孩子彭云）就送给你了，盼教以踏着父母之足迹，以建设新中国为志，为共产主义革命事业奋斗到底。孩子们决不要骄（娇）养，粗服淡饭足矣。”江姐的这封遗书展示了江姐鲜为人知的柔情一面。

江姐受酷刑拷问之后，难友诗人蔡梦慰用竹签蘸红药水在草纸上写下了《黑牢诗篇》，表达了对江姐的敬佩。他是当时“铁窗诗社”发起人，在《黑牢诗篇》中吟唱：

空气呵，日光呵，水呵，成为有限度的给予。人被当作牲畜，长年的关在阴湿的小屋里。长着脚呀，眼前却没有路。在风门边，送走了迷惘的黄昏，又守候着金色的黎明。墙外的山顶黄了，又绿了，多少岁月呵！在盼望中一刻一刻的挨过。黄了，绿了，绿了，黄了。

工作人员说，人们都认为革命战士是钢铁铸成，其实英雄也有温柔的一面，江姐在生命的最后时刻，除了革命事业外，最牵挂的就是自己的孩子，“遗书字迹相当潦草，不时出现涂改墨迹，可见当时江姐心中对孩子的牵挂之情。”

史良

群芳竞秀 盛开一只女儿花

莫重男儿薄女儿，平台诗句赐娥媚。吾骄得此添生色，始信英雄曾有此。

——秋瑾

她生逢乱世，志存高远，从小就立下“一手达成天下”的豪言；她铁骨铮铮，名震沪上，成为营救革命志士的著名律师；她忧国忧民，呐喊抗日，是近代史上“七君子事件”中唯一的女性；她身居高位，重建司法，是新中国首任司法部长；她被毛泽东主席誉为“女中豪杰”，她就是原民盟中央主席、杰出法律人史良。

她，身为女性，却不让须眉，是著名救国会“七君子”之一。她，唇枪舌剑，据理力争，曾是声望响彻上海的著名律师，后来江青受审时点名让她辩护。重庆谈判期间，她与毛泽东畅谈时局。新中国成立后，她担任了第一任司法部部长，担任过民盟中央主席、全国政协副主席、全国人大常委会副委员长等职务，为新中国法律体系的建立和妇女事业做出了杰出贡献。她——就是中国共产党久经考验的亲密战友史良。

邓颖超评价她：史良以自己的形象树立了共产党与民主党派“长期共存、互相监督、肝胆相照、荣辱与共”的范例，无愧为中国共产党的老朋友，光荣的爱国民主战士，中国杰出的女革命家。

习仲勋评价她：中央人民政府成立后，她担任了第一任司法部部长。当时民盟的另一位主要领导人沈钧儒同志，担任了最高人民法院院长。他们在党的领导下，兢兢业业，认真负责，为建立和发展新中国的民主与法制，为巩固人民民主专政，做了大量的奠基和开创性的工作。解放初期，天下甫定，我国的法制建设取得了很大成就，国内呈现出一派安定兴旺的景象，受到全国各族人民一致的称赞。史良同志在这方面所作出的贡献，是有口皆碑的。

乱世中的法律天平

史良，字存初，江苏常州人。史良早年即具有巾帼不让须眉的豪情。1919 年，19 岁的她参加了“五四”运动，并任女子师范学校学生会会长，是常州学运的领导者之一。

史良于 1922 年暑期从女师毕业后，先后入上海女子法政学校、上海法政大学和上海法科大学学习，刚开始学政治，后改习法律。1925 年“五卅”运动爆发时，她是一个积极参加者，还主编过一个名为《雪耻》的刊物，宣传民族独立，反对列强侵略。

1927 年暑假，史良从上海法科大学毕业后，被派到国民革命军总政治部政治工作人员养成所工作。由于史良思想倾向进步，一度被捕入狱，旋为蔡元培先生保释。其后，史良又到镇江江苏省妇女协会工作，任常务委员兼总务。她们出版了一本名为《女光》的刊物，为打破妇女种种枷锁而大声疾呼。

1931 年“九·一八”事变的爆发，震撼了当时在上海的史良。事变以后，史良自觉地投入到抗日爱国运动的洪流中，利用一切可利用的机会向广大妇女宣传进步思想。1932 年“三八”妇女节，上海各界召开庆祝大会，史良向广大妇女疾呼：“今天中国妇女的最大责任是救国，而不是治家；要解放我们妇女，必须首先解放我们的民族，没有中华民族的解放，中国妇女的解放是不可能的。”

1932 年初，史良参加了中共为营救被捕蒙难同志设在上海的外围组织“革命互济会”，并任该会律师。从此她和党建立了联系，并成为党的忠实盟友。20 世纪 30 年代初，中共在上海的各级组织曾遭到敌人的极大破坏，许多共产党员、革命者及其他爱国人士被逮捕杀害，中共地下党通过互济会和鲁迅、周扬领导的“左联”与史良取得联系，请她设法营救。史良认为营救政治犯，多保存一些民族精英，替革命做一点事情，这本身不仅是爱国行动，也是一种革命工作，因此她不避风险，全力以赴。先后被史良营救过的共产党员和革命者有邓中夏、李瑛、熊瑾玎、艾芜、任白戈、陈卓坤等。

抗日洪流中的呐喊

1935 年，日本帝国主义侵略加深，华北危急。在中国共产党《“八一”宣言》和北平“一二·九”运动的影响下，上海各界群众沸腾起来。12 月，上海市文化界发表了《救国运动宣言》。12 月 22 日，史良与沈兹九、王孝英、胡子婴、罗琼、杜君慧、陈波儿等共同发起成立了上海妇女界救国联合会，这是上海市第一个救国会组织。“妇救会”的成立及其《救国宣言》的发表，不仅对当时上海学生的抗日游行运动是一个巨大的支持，而且也对上海各界救国会组织的形成起了巨大的号召作用。

在“妇救会”的推动下，上海文化界、职业界、学生界、教育界的救国会相继成立。在各个专业救国会组织的基础上，1936 年 1 月 28 日，上海各界救国会正式宣告成立，史良被选为文化界救国会的执行委员。在上海救亡运动的影响下，全国掀起了巨大的抗日怒潮。1936 年 5 月 31 日，上海救国会联合华北、华南、华中等 20 多个省的爱国救亡组织成立了全国各界救国联合会，发表了抗日宣言，选举宋庆龄、史良等 40 多人为执行委员。

1936 年 7 月，国民党召开二中全会，为推动国民党积极抗日，沈钧儒、章乃器、沙千里和史良被推派到南京请愿。7 月 13 日，史良等人在国民党二中全会会场，向大会提出“停战、抗日和保障民权”等要求。此举得到了各地救国会和新闻界的支持。

9 月 18 日，救国会举行了游行集会，纪念“九·一八”事变 5 周年。游行队伍遭到敌人的疯狂镇压，为了营救一位被军警殴打的女学生，史良上前保护，亦遭到毒手，肺尖因被打伤而咯血。幸好工人群众及时救护，史良才幸免于难。为了痛斥国民党军警毫无人性的暴行，她在医院疗伤时写下了《九月的鞭笞》一文，最后一句话说：“我们苏醒的群众将会一天天加多，我们的心和力要凝结成一条铁链。”

“七君子”中的巾帼豪杰

1936 年，日本帝国主义侵略气焰更加嚣张，民族危机进一步加深。5 月 31 日，全国各界救国联合会正式成立，选举宋庆龄、沈钧儒等 40 余人为执行委员，史良是其中重要一员。

为了推动国民党抗日，她曾同沈钧儒、章乃器、沙千里作为救国会的代表，到南京请愿，并积极参加抗日救亡的宣传活动。国民党政府顽固实行“攘外必先安内”的方针，于11月22日悍然逮捕了救国会领导人沈钧儒、章乃器、邹韬奋、李公朴、沙千里、王造时、史良，制造了震惊中外的“七君子”之狱。史良是“七君子”中唯一的女同志，她在狱中拒绝敌人的诱降阴谋，坚持爱国无罪的正义立场，直到七七抗战开始后，在全国人民的声援和中共中央的敦促下才被宋庆龄、何香凝、胡愈之等营救出狱。

建立新中国的奋斗

抗日战争胜利后，毛泽东主席、周恩来副主席到重庆，同蒋介石谈判，达成了“双十协定”，决定举行由各党派参加的政治协商会议，共商国事。史良担任中国民主同盟代表团的顾问，她和民盟其他领导人一道，同中国共产党密切合作，为争取民主、反对独裁，争取和平、反对内战，同反动势力进行了不屈不挠的斗争。

旧政协会议以后，史良回到上海，继续执行律师业务，同时积极参加民主革命活动。1947 年 10 月，国民党政府悍然宣布民盟为非法团体，迫使民盟停止公开活动。1948 年 1 月，民盟在香港召开一届三中全会，决定同中国共产党紧密合作，为推翻蒋介石独裁政权和驱逐美帝国主义的势力为中国而斗争。史良因当时处境不能离沪赴港参加，曾委托赴港参加全会的沙千里同志代表她出席。随后她根据民盟总部决定，在上海建立了民盟华东执行部，并担任华东执行部主任。在白色恐怖下，史良机智顽强从事民盟的地下工作，在宣传民主、保护民盟组织、联系群众等方面做了许多工作。上海解放前夕，国民党反动派搜查了她的住宅，并密令逮捕她，在这危难时刻，上海解放了，史良才免遭毒手。

1949 年 6 月，史良到北平，参加中国人民政治协商会议（简称“新政协”）的筹备工作。9 月，她以民盟代表的身份参加了中国人民政治协商会议第一届全体会议，并被选为第一届全国委员会委员。在上述历史进程中，她为民族、民主革命的胜利建立了不可磨灭的功绩。

新中国首位司法部长

1949 年 9 月 21 日，史良作为民盟代表出席了中国人民政治协商会议，新中国成立后，历任司法部部长和政务院政

治法律委员会委员，还被选为全国妇联执行委员、副主席，全国政协常委会委员、副主席，全国人大常委会副委员长，1950年史良在民盟四中全会上被选为常委，1953年开始担任民盟中央副主席。1957年以后，由于“左”的路线干扰，刚开始建立的法制遭到破坏，司法部被撤消，史良由司法部长改任人大常委委员。

1976年粉碎“四人帮”以后，中共十一届三中全会的春风，使中国又开始了新的征程，民盟也重新恢复活动，史良对这一重大转折感到由衷地高兴，1979年10月民盟第四次全国代表大会选举史良继任主席。

史良在人民共和国度过了36个春秋，她铭记自己解放前说过的人民是主人、官吏是主人的公仆的话，全心全意为人民服务，为社会主义祖国服务，严于律己、自奉甚俭；解放后，她将自己在1948年承办一件大遗产案获得的上海十余幢房屋报酬全部献给国家，另一栋三层楼的60余间房屋拨给民盟上海市委作办公用。

史良留下的精神财富

史良拥有颇具传奇色彩的一生，拥有名律师积累的财富，拥有新中国司法部长的地位，然而，她却将一生所有捐给国家，将无尽的精神财富留给后人。

她始终秉持法律人的公平正义。

风流直欲占秋光，叶底深藏粟蕊黄
共道幽香闻十里，绝知芳誉亘千乡

作为近代历史上著名的律师，史良用法律作为武器，与国民党反动派斗争，为抗日事业呐喊，为建立新中国奔走，与中国共产党的革命事业同向而行；她不畏强权，主张正义，积极营救民主进步人士；她同情弱者，不畏强权，不计得失，无偿为穷人诉讼维权。在她身上，不仅体现了中国女性刚柔并济的特质，而且体现了法律人追求公平正义的情操。

她始终致力于中华民族的独立自强。

在抗日战争时期，史良面对民族危亡，为了激起全国军民的抗战决心，她四处奔走，大声呐喊，以“巾帼不让须眉”的决心与刚毅，表达着中华儿女的爱国之情与赤诚之心；作为“七君子”中唯一的女性，她在法庭中滔滔雄辩，揭露了国民党“攘外必先安内”的丑恶行径；虽身陷囹圄，却坚持斗争，严词拒绝国民党的威逼利诱，体现出革命志士的不折不挠与忠诚不渝。

她始终致力于新中国法制建设的事业。

作为新中国首任司法部长，面对百废待兴的局面，史良在中国共产党的领导下，开始着手建立新中国的法律体系。新中国废除了国民党的六法体系，彻底铲除了资产阶级的法律体系，史良不仅功不可没，而且作为旧法律体系中的著名律师，体现了她对旧社会的决裂与革新；在“破旧”之后，史良又充满热情地去“立新”。她深入广大农村开展立法调研，尤其是注重对妇女儿童权益的关注。在她的主持下，新中国第一部基本法律——《婚姻法》诞生了，这部被毛泽东主席誉为“有关一切男女的利害，其普遍性仅次于《宪法》”的法律，凝结了史良坚实深厚的法律素养，开启了新中国法制建设的序幕。

她始终坚持和拥护党的领导。

史良作为民盟的领导人，虽然没有加入中国共产党，但是她的一生，是与中国共产党“肝胆相照、荣辱与共”的一生，她被周恩来同志誉为“党外布尔什维克”。在革命时期，她在上海积极营救中共党员，积极投身抗日事业；抗战胜利后，她坚定拥护中国共产党的领导，与国民党反动派进行不屈不挠的斗争；新中国建立后，她坚定地投身到党的各项事业之中，为法制事业发展作出了重大贡献；作为民盟的主要领导人，她始终拥护党的领导，团结广大党外同志，为统战事业奉献终身。

借水开花自一奇，水沉为骨玉为肌
暗香已压酴醾倒，只比寒梅无好枝

杨扬

青纱衫子淡梳妆 冰姿绰约自生凉

双佩雷文拂手香，青纱衫子淡梳妆，
冰姿绰约自生凉。
虚掉玉钗惊翡翠，缓移兰棹趁鸳鸯，
鬓鬟风乱绿云长。

——宋 蔡伸《浣溪沙》

她曾经坚韧不拔，驰骋冰场，为中国夺得首枚冬奥金牌；她现在端庄干练，身兼数职，全心投入社会公益事业。离开冰场的杨扬依旧美丽，随着岁月的沉淀和阅历的增长，愈加散发出女性的魅力。出现在公众场合的杨扬，永远保持着优雅的身材、得体的着装、周密的思维、大方的谈吐，在国际体坛树立了中国女运动员的崭新形象；而开阔的视野、创新的魄力、做事的激情、执著的坚守，也为中国女运动员提供了一个优秀样本。

中国在2008年成功举办了北京奥运会之后，又成功的申请了举办2022年北京冬奥会。让全中国人民为此感到欢呼雀跃。众所周知，中国的冰上运动相对于其它运动项目来说比较弱势。但是只要一提到冰上运动，大家都会想到她的名字，那就是短道速滑冠军杨扬。

2019年11月7日，第五届世界反兴奋剂大会在波兰卡托维兹闭幕。北京冬奥组委运动员委员会主席杨扬当选世界反兴奋剂机构副主席。杨扬在当选后表示，她对体育有着强烈的热情，一直坚信反对兴奋剂和保护纯净运动员权利的必要性。她有信心和世界反兴奋剂机构一道，努力为纯净运动创造一个光明的未来。

初上冰场，体校里的“小不点儿”

1984年，8岁的杨扬被老师推荐到体校参加冰上集训。两周后，20多名学生只留下了5人，其中包括杨扬。由于个子矮小，身体瘦弱，同学们都叫她“小不点儿”。

为了能使自己在冰场上驰骋飞扬，小小年纪的杨扬训练刻苦，毅力超人。黑龙江的冬天格外的寒冷，零下30度的低温，每天早上5：00，天还没亮，杨扬准时来到冰上训练基地开始训练。她说，成绩是苦练出来的，一个人若想学会滑冰，那么他一定要做好在冰上摔跤的准备。功夫不负有心人，很快杨扬的运动成绩便在体校里名列前茅。

1986 年，杨扬到七台河体校，练习速度滑冰。1988 年，进入黑龙江省体育运动学校，得到金美玉教练的赏识，改练短道速滑。1991 年 4 月，杨扬获得了全国短道速滑冠军赛 3000 米冠军，这是她所获得的第一个全国冠军。从此开始了她一生的冰雪之途。

“冰上女王”22 载冠军梦

1995 年，杨扬入选中国国家队。在西班牙举行的世界冬季大学生运动会获得女子 3000 米接力的冠军。挪威世界短道速滑锦标赛，与队友合作以 4 分 24 秒 68 的成绩打破女子 3000 米接力的世界纪录，获得冠军。

1997 年，日本世界短道速滑锦标赛，获短道速滑女子 500 米、1000 米以及女子全能 3 项冠军。这是我国短道速滑第一块个人全能世界冠军。1998 年，日本长野冬季奥运会短道速滑比赛女子 3000 米接力赛中，与队友以 4 分 16 秒 383 的成绩获得冬奥会银牌，这是杨扬第一块奥运会奖牌。奥地利维也纳世界短道速滑锦标赛，先是获得了女子 1500 米冠军，随后以 1 分 33 秒 562 的成绩，获得女子 1000 米比赛的冠军，在女子 3000 米接力赛上，成功获得接力冠军。杨扬蝉联了世界短道速滑锦标赛的女子个人全能冠军。至此以后，杨扬开始了世界短道速滑霸主地位，从 1998 年冬奥会到 2002 年冬奥会前，她赢得了几乎所有世锦赛、世界杯的个人全能冠军。

2002 年 2 月，美国盐湖城第十九届冬奥会在短道速滑女子 500 米决赛中，杨扬以 44 秒 187 的成绩问鼎冠军，为我国实现了冬奥金牌零的突破。此后，她又与队友一起获得了女子 3000 米接力的银牌，并在女子 1000 米比赛中获得金牌。3 月，加拿大蒙特利尔短道速滑世锦赛，以 105 分的成绩获女子全能第一名，世锦赛女子个人全能项目的六连冠，成为唯一一名蝉联 6 届个人全能冠军的运动员。

冬奥会之后，杨扬走进清华大学经济管理学院，成为一名运动员学生。在 2003 年在代表黑龙江省参加了全国第十届冬运会，为家乡取得 6 枚金牌之后，她申请了去美国读书。2004 年 7 月，在美学习一年之后，在国家队的召唤下，她再次回到国家队，备战 2006 年冬奥会。2005 年 3 月，恢复训练不到一年的杨扬参加了在北京举行的世界短道速滑锦标赛，在女子 500 米决赛中，杨扬以 45.038 秒的成绩获得冠军。2006 年 2 月 26 日，都灵冬奥会短道速滑女子 1000 米决赛中，杨扬以 1 分 33 秒 937 的成绩获得短道速滑女子 1000 米铜牌。2006 年 8 月，杨扬正式退役。

河阳一县并是花，金谷从来满园树
一从香草足碍人，数尺游丝即横路

公益让价值延续

2006 年都灵冬奥会后，杨扬卸下了冰刀，开始创立体育公益基金、开办滑冰学校，将快乐运动带给更多的孩子，让冠军精神去影响他们的成长。2008 年，发起了“冠军基金”，为四川什邡地区的基层体育老师做培训。

做这项公益的起因还要回到汶川地震后的第 9 天，一个由杨扬、邓亚萍、高敏、谢军这 4 位奥运和世界冠军组成的特殊心理救援团第一时间奔赴灾区。这次经历让杨扬看到，运动对于孩子不单是身体上的需求，还会在精神上、意志品质上，以及人际沟通能力上产生巨大影响。她意识到体育明星参与公益活动的价值和冠军的影响力。“冠军基金”应运而生，“当时基金会的名字并没有想好，多亏罗格主席一语提醒，我们的目标不是培养更多的金牌获得者，而是培养真正的冠军，金牌和冠军是两个概念。”回忆当时的场景，她仍然记忆犹新。

2013 年，杨扬创办了上海飞扬冰上运动中心。问及她创办运动中心的初衷，杨扬告诉大家，她自己 8 岁开始这项运动，23 年的运动生涯，不单最后赢得了那些冠军和荣誉，更重要的是教会了她敢于面对困难、解决问题、团结队友、勇于承担责任。相信这些品质对每个孩子成长都是很重要的，我们要为孩子们提供这样的机会，教会他们无惧挑战、战胜自我的民族性格。为喜爱滑冰的孩子提供参与的机会，为有天分的孩子，提供梦想的舞台。孩子们玩起来的时候，我们的梦想就实现了。

辉煌的职业生涯、开朗的性格、流利的英语、出色的工作能力，让杨扬陆续得到在多个国际体育组织任职的机会。

1999 年，杨扬就当选为国际滑联运动员委员会委员。2016 年，杨扬以高票当选国际滑联第一理事。

2010 年，杨扬当选为国际奥委会委员，成为继何振梁、吕圣荣、于再清后，第 4 位来自中国内地的国际奥委会委员。在这期间，杨扬曾以国际奥委会道德委员会委员身份，参与有关俄罗斯兴奋剂事件调查。

2017 年 11 月，北京冬奥组委成立运动员委员会，杨扬当选为主席。过去这两年，杨扬时常往返上海、北京两地，为北京冬奥会的筹备建言献策。

2019 年 5 月，杨扬被提名为世界反兴奋剂机构（WADA）副主席，11 月 7 日在波兰正式当选。